Ocean Action's Supercycle

해양행동, 슈퍼사이클이 온다
Ocean Action's Supercycle

| 1판 1쇄 발행 2025년 4월 30일　　　　| 지은이 이상길, 이채리

펴낸곳 바다위의정원
펴낸이 강영선

출판등록 제2020-000161호
주소 서울특별시 마포구 잔다리로 48, 3층 3001호(서교동, 정원빌딩)
전화 02-720-0551
팩스 02-720-0552
이메일 oceanos2000@daum.net

ⓒ 이상길, 이채리, 2025
ISBN 979-11-991180-1-0 03450

해양행동, 슈퍼사이클이 온다

이상길, 이채리 지음

Ocean Action's Supercycle

Prologue

 2025년 새해를 맞이했다. 언제나 그렇듯이 각종 매체에서는 2025년을 전망하는 콘텐츠가 풍성하다. 주식시장이나 세계경제, 부동산, 소비시장, 특히 요즘은 AI를 필두로 한 테크 분야의 트렌드에도 관심이 대단하다. 이러한 미래 예측 붐에 힘입어 이 책에서는 다소 생소한 트렌드를 소개하고자 한다. 해양수산부에서 20년을 근무하다가 2020년 가을부터 워싱턴의 한국대사관에서 3년여를 지내며 얻게 된 시각을 바탕으로 미래의 트렌드 한 줄기를 제시한다.

 2022년 가을, 당시 고등학생인 첫째 딸 채리가 과학 분야의 선택 과목으로 수강하던 해양학(Oceanography) 과제를 신나게 하는 것을 본 적이 있다. '와, 미국에서는 해양학이 정규 과목이구나!' 하고 감탄하면서, 딸이 바다거북의 서식지를 연구해서 만화로 그려내는 것을 흐뭇하게 여겼다. 고등학교에서 1년간 해양학을 공부하며 졸업 학점까지 딸 수 있다는 점뿐 아니라 해양학이 인기 있는 과목이라는 것을 듣고는 적잖이 놀라기도 했다.

2023년 초 한국대사관을 홍보하기 위해 캐나다와 접한 메인주에 위치한 보든칼리지(Bowdoin College)를 방문했는데, 마침 그 대학이 해양과학연구실(Marine Laboratory)을 운영한다는 점을 자랑하는 것을 보았다. 학부생에게 인기 높은 그 연구실의 해양과학 수업을 들으려면 학점과 연구 실적이 좋아야 하는 등 경쟁이 치열하다고 했다.

그 후 생각해보니 미국의 신문이나 TV에서는 해양환경에 관한 콘텐츠를 꽤 많이 소개하고 있었다. 《뉴욕타임스》와 CNN은 전 세계에서 물고기를 남획하고 생태계를 파괴하는 대규모 불법조업 선단의 행태와 조직적 메커니즘에 대해 깊이 있게 보도했다. 아울러 젊은 층의 친환경, 채식주의 취향에 부응해 해조류 양식과 친환경 시푸드산업 등에 대한 기사도 자주 내보냈다.

해상풍력에너지나 해양 산업과 기술뿐만 아니라, 해양환경 분야에도 관심이 매우 높아서 많은 보도와 이벤트를 볼 수 있었다. 기업 광고도 바다와 해양생물을 자주 소재로 다루었는데, 심지어 주요 석유 기업도 바다의 지속가능성을 위해 노력한다는 광고를 많이 하는 점이 흥미로웠다.

해양수산부에서 일하는 동안 자주 마주친 어려움은 바다에 관한 이슈는 좀처럼 전 국민의 관심사가 되기 어렵다는 점이었다. 관계 부처나 기자단을 만날 때 해양수산부의 정책 발표는 바닷가 지역에 국한된 이슈로 여겨져 전 국민의 관심을 끌기에 부족하다는 반응을 받곤 했다. '이러한 지역적, 지엽적 이슈라는 인식을 어떻게 하면 극복할 수 있을까?' '어떻게 하면 전 국민의 관심을 끌 만한 해양 어젠다를 제시할 수 있을까?'가 오랜 숙제였다.

그런데 미국에서는 해양학이 고등학생이나 대학생에게 인기 있는 과목이고, 각종 미디어는 전 지구적 해양문제에 대한 콘텐츠를 많이 노출하고 다양한 활동을 진행했다. 미국 의회에서는 매년 해양주간(Capitol Hill Ocean Week)을 개최하며 전국의 해양 관련 시민사회활동가를 워싱턴에 초청하여 콘퍼런스를 열기도 했다. 해양에 대한 이런 광범위한 관심과 참여가 부러우면서도 이런 현상이 미국에서만이 아니라 세계로 퍼져 나가는 유행 또는 트렌드가 되는 것은 아닐까 하는 생각이 어렴풋이 들었다.

지난해 한국에 돌아와서 해양정책과장을 맡으며 우리 국

민 모두에게 해양 교육과 문화를 전파하고 해양박물관, 해양과학관 등을 설립, 지원하는 업무를 진행하면서 이러한 생각을 다양하게 검증해보게 됐다. 어린이집부터 초등학교, 대학교, 전시 시설 등 현장을 다니며 우리 사회에도 해양교육에 대한 수요가 상당히 존재함을 확인할 수 있었다. 대중의 전 지구적 해양문제에 대한 관심과 문제 해결에 대한 참여, 즉 해양행동(Ocean Action)* 확산이 국경을 초월한 시대적인 트렌드가 되고 있다는 발견이 이 책을 쓰게 되는 동인이 됐다.

초연결된 국제사회에서 유행하는 여러 트렌드와 마찬가지로 해양행동 역시 많은 나라에서 약간의 시차를 두고 확산되고 있음을 차근차근 설명하고자 한다. 그리고 이러한 트렌드를 선제적으로 포착해 우리 사회가 시대적인 과제를 해결하고 국제무대에서도 리더십을 발휘할 기회로 활용할 방안을 고민하고 제안한다.

---

* 해양행동(Ocean Action): 국제사회에서 지속 가능한 바다 이용을 위해 전 지구적 해양변화에 대응한 실천을 통칭하는 용어다.

Contents

Prologue・4

Chapter 1.
파나마 임팩트

다양한 스펙트럼의 참석자・17
바다 이야기만 하는 2박 3일・18
세계 시민사회의 에너지・20
한 사람의 힘・23
focus #01   '아워 오션 콘퍼런스'에 대하여・26

Chapter 2.
해양행동을 여는 비밀번호:
89.93.02.07.15.23

1989. 몬트리올 의정서・35
1993. 온실효과・35
2002. 환경 파괴・40
2007. 기후변화 통합보고서・41
2015. 파리기후변화협약・42
2023. 아워 오션 콘퍼런스・44
focus #02   '기후변화에 관한 정부 간 패널'에 대하여・47

Chapter 3.
일상생활 속 바다의 가치

한반도의 전 지역은 연안지역이다 • 55
우리나라가 내륙국가였다면 • 58
바다는 문명 발달의 필요조건 • 64
해양정책의 전환기 • 66
focus #03 유럽 대륙의 '1987년 대폭풍'에 대하여 • 72

Chapter 4.
글로벌 오션 거버넌스

해양 거버넌스의 기틀 마련 • 82
지속가능발전과 해양 의제 결합 • 85
'해양행동' 용어의 태동과 국제 이니셔티브 확장 • 86
글로벌 어젠다로서 '해양행동' 확립 • 88
해양행동의 확산 • 92
글로벌 오션 거버넌스의 물결 • 94

Chapter 5.
새로운 거버넌스 패러다임

선도자동맹 • 104

해양 분야의 IPCC • 109

혁신적인 해양행동의 사례 • 113

초연결사회의 글로벌 시민사회와 기업 • 126

해양행동의 떠오르는 영역 • 130

focus #04 　'GPGP'에 대하여 • 138

focus #05 　'해양산성화'에 대하여 • 141

focus #06 　'블루 카본'과 '블루 카본 크레디트'에 대하여 • 148

focus #07 　'빌리언 오이스터 프로젝트'에 대하여 • 150

Chapter 6.
해양행동의 슈퍼사이클

정해진 미래 • 159

해양행동의 핫스폿(주요 테마) • 165

누가 해양행동을 주도할 것인가? • 168

focus #08 　'글로벌 IT 기업의 해양 활용 사례'에 대하여 • 175

focus #09 　'노르웨이 해양산업의 핵심 전략'에 대하여 • 180

Chapter 7.
다음 세대를 위한 제안

바다는 우리 세대와 다음 세대를 잇는 공유의 자산 · 188

해양을 둘러싼 경쟁과 갈등에 대한 대처 방향 · 190

다음 세대를 위한 해양행동 약속 · 192

세대 간 협력 · 193

focus #10   미국 고등학교의 해양교육 사례 · 202

Epilogue · 208

추천사 · 212

부록 · 220
국제사회에서 해양행동의 모델을 선도하는 대표적인 시민사회 단체, 비영리기구

Panama

Impact

CHAPTER 1

파나마
임팩트

'아워 오션 콘퍼런스'
정부 또는 국제기구 간의 협약이나 특별한 가입 절차 없이 개방된 체계로, 정부나 국제기구의 당국자든 지역사회나 기업의 관계자든 칸막이 없이 세션을 구성하고 참여하여 발언한다는 것이 참으로 신선하게 다가왔다. 이런 풍경을 2박 3일간 지켜보다 보니 전 지구적 해양문제를 해결하기 위해서는 직함이나 타이틀에 구애받지 않고 누구나 아이디어 및 의견을 제시할 수 있도록 시스템이 열려 있어야 한다는 점이 당연하게 여겨지기 시작했다.

2023년 당시 나는 워싱턴에 있는 한국대사관에서 해양수산 담당 참사관으로 근무하고 있었다. 2월의 마지막 날, 미국 워싱턴에서 파나마로 가는 비행기에 올랐다. 파나마에서 열리는 세계적인 해양 분야 국제회의에 참석하기 위해서였다. 제8차 '아워 오션 콘퍼런스(Our Ocean Conference)'(3월 2~3일)가 바로 그 행사였다.

 해양수산부를 중심으로 한국에서 오는 대표단과 합류하라는 지시가 있어 나도 근무지 국경을 넘어서 파나마로 날아간 것이다. 이 국제회의 중에 존 케리(John Kerry) 기후변화특사를 비롯하여 미국 국무부와 해양대기청(NOAA) 등 미국의 당국자들을 만나는 일정이 있어 주미대사관에서도 참석하면 좋겠다는 해양수산부 측의 갑작스러운 의견이 있기도 했다.

나중에 생각해보니, 이날의 참석이 국제사회에 흐르는 거대한 트렌드에 대해 눈을 뜨게 되는 계기가 됐다.

비행기 창밖으로 파나마를 내려다보니 바다에 수많은 대형 화물선이 줄지어 늘어선 비현실적인 풍경이 펼쳐졌다. 파나마가 세계 무역의 중심지라서 그렇게 대형 화물선이 많았을까, 그 유명한 파나마운하를 지나기 위해서 기다리는 선박들이었다. 2022년 가을부터 파나마운하의 정체가 해운물류업계에서는 큰 이슈로 떠올랐다. 그해 3월 파나마운하를 지나가려는 선박은 2주 이상 기다려야 했는데, 이 대기를 피해 앞질러 가기 위해서는 수억 원의 급행료를 지불해야 하는 상황이었다. 이렇게 파나마운하에서 정체가 발생하게 된 이유는 기후변화였다. 2022년 가을부터 이어진 극심한 가뭄 탓에 운하 운영에 차질이 빚어진 것이다.

파나마운하에는 놀랍게도 해발 60미터 정도의 언덕을 넘어가는 육지 구간이 있다. 이 구간은 몇 개의 큰 수영장 같은 독(Dock)에 물을 가두어서 배를 띄워 한 칸 한 칸 넘어가는 원리로 운영된다. 독에 물을 채웠다가 배가 다음 칸으로 넘어갈 때 수문을 열어 물이 흘러나가게 한다. 따라서 많은 물이 필요한데, 이 물은 운하 옆의 호수에서 끌어왔다.

그런데 기후변화에 따라 가뭄이 길어지면서 호수의 물이

부족해졌다. 이에 따라 독에 물을 채우는 시간이 길어졌고, 자연히 선박의 통행도 느려지게 됐다. 그래서 통상 하루 40척 정도이던 통행량이 절반 정도까지 줄어들기도 했다.

코로나 팬데믹 이후 수년간 지속되는 미주 지역의 물류 정체와 물류비 동향을 모니터링하면서 파나마운하의 정체를 주시해왔는데, 마침내 그 현장을 방문한 것이다.

다양한 스펙트럼의 참석자

소문으로만 듣던 '아워 오션 콘퍼런스'는 공식 행사부터 수십 개의 연계 행사까지 정부 대표단과 국제기구, NGO 활동가, 기업인, 연구자 등 190여 개 국가의 1000여 명이 모이는 큰 행사였다. 해양올림픽이라고 할 만했다. 특히 이번 콘퍼런스는 코로나 팬데믹으로 인해 연기되거나 대규모 행사가 제한되던 기간 이후 최초로 완전한 형태로 개최되어 모든 참석자들이 더 흥분하는 것 같았다.

개최국 파나마는 매우 열정적으로 행사를 준비했다. 재정 수입에 큰 부분을 기여해온 파나마운하 통행이 가뭄으로 인해 차질을 겪는 상황에서 더더욱 기후변화와도 긴밀하게 연결된 해양문제를 심각하게 인식하고 진정성 있게 운영했던 것 같다. 환영 만찬 리셉션과 행사장 주변에서 제공되는 오찬 및 커피 테이블에서도 파나마의 정성과 노력을 엿볼 수 있었다. 행사 사이사이 로비에서, 인터넷상에서 접했던 많은 활동가, 당국자를 자연스럽게 만나고 인사를 나눌 수 있었다. 콘퍼런스의 진짜 의미는 공식적인 발표 주제와 행사만이 아니라, 이러한 계기로 자유롭고 다양하게 이루어지는 비공식적 만남, 네트워킹의 기회가 아닐까.

바다 이야기만 하는
2박 3일

파나마에서 개최된 제8회 콘퍼런스의 주제는 '우리의 바다, 우리의 연결(Our Ocean, Our Connection)'이었다. 해양문제는 그 자체로 여러 지역과 나라, 이해관계 집단과 연결되고, 특히 기후변화의 영향 및 대응과 긴밀하게 연관된다는 점에서 매우 시의적절한 주제였다. 이러한 주제에 따라 참가자의 다양한 해양문제 해결 아이디어가 논의되고 공약(Commitments)이 발표됐다. '아워 오션 콘퍼런스'는 참가 국가, 국제기구, 기업, NGO 등이 자발적으로 공약을 발표하는 순서를 행사 사이사이에 가지는 것이 특징이다. 파나마에서 열린 콘퍼런스에서는 사상 최대의 참가자뿐만 아니라 약 200억 달러라는 사상 최대 규모의 해양 관련 자금 지원과 투자 약속이 발표되어 매우 고무적이었다. 특히 이 자리에서 우리나라는 2025년에 제10차 콘퍼런스 개최를 약속하여 큰 기대와 응원을 받았다.

파나마에서 많은 관심을 모은 주요 테마는 서너 가지로 요약할 수 있다. 파나마 정부를 비롯하여 많은 참가국은 자국 연안의 해양보호구역(MPA, Marine Protection Area) 확대 논의에 두드러지게 참여했다. 그리고 불법조업(IUU, Illegal, Unregulated and Unreported Fishing) 근절을 위한 각국 정부와 국제기구 등의 협력을 강조했다. 또한 여러 NGO는 해양쓰레기 문제에 맞서 지역사회와 협력한 생생한 성공 사례를 소개했다. 기업은 해상풍력, 심해광물 채굴, 친환경 선박 기술, 친환경 수산 양식, 해양생태계 복원 기술 등 경제와 환경을 함께 고려하는 혁신 프로젝트를 제안했다.

특히 모든 세션에서는 해양과 기후변화 간의 연계성(Connection)이 강조됐다. 바다는 온실가스를 흡수하는 큰 여력을 갖고 있기 때문에 국제사회에서는 자연의 힘에 기반한 문제 해결 방안으로 바다를 활용하고 보호하자는 아이디어를 중요하게 고려하고 있다. 이와 동시에 기후온난화로 인해 해양산성화와 수면 상승, 해양생태계 파괴가 가속화되어 바다는 기후변화로 인한 환경 위협에 가장 민감하게 직면하는 등 복잡한 관계를 연결해서 인식해야 한다는 점에 모두가 크게 공감했다.

세계 시민사회의
에너지

10여 년 전부터 '아워 오션 콘퍼런스'에 대해 들어본 적은 있었다. 미국 국무부가 주도하는 해양 관련 국제회의라고 알고는 있었지만, 우리나라가 회원으로 참여하는 국제기구의 정부 당국 간 회의가 아니라 비공식 형태의 회의여서 크게 의미 부여는 하지 않았던 것으로 기억한다. 그런데 약 10년의 시도가 축적되면서 이제는 전 세계의 정부 당국자와 민간 참여자 사이에서 명실상부하게 세계 최대의 해양회의로 자리 잡은 것을 실감할 수 있었다.

이날 미국의 기후변화특사로서 참석한 존 케리가 2014년에 오바마 행정부의 국무장관을 지내면서 주창한 국제회의가 '아워 오션 콘퍼런스'다. 공식 사무국이나 정부 간 조직 체계를 갖추지 않은 채로 전 세계 해양 관련 시민사회의 자율적인 참여를 이끌어내고 있는 점이 매우 고무적이었다.

특히 정부 또는 국제기구 간의 협약이나 특별한 가입 절차 없이 개방된 체계로, 정부나 국제기구의 당국자든 지역사회나 기업의 관계자든 칸막이 없이 세션을 구성하고 참여하여 발언한다는 것이 참으로 신선하게 다가왔다. 이런 풍경을 2박 3일간 지켜보다 보니 전 지구적 해양문제를 해결하기 위해서는 직함이나 타이틀에 구애받지 않고 누구나 아이디어 및 의견을 제시할 수 있도록 시스템이 열려 있어야 한다는 점이 당연한 것으로 여겨지기 시작했다.

그렇게 시작된 움직임이 10여 년이 흐르는 동안 전 세계에 상당한 우호 세력을 구축하고 있음을 목격했다. 아직까지 단일한 국제기구나 협약 등으로 정립되지는 않았지만, 방대한 해양 어젠다에 대해 매년 주기적으로 논의하고, 더디게 가더라도 꾸준히 진전하려는 활동가들이 세계적으로 탄탄하게 네트워크화 되어 있다는 점을 확인할 수 있었다. 이들은 하나씩 따로 보면 생소하고 영세한 집단이 많았지만, 긴밀하게 소통하는 커뮤니티를 구성하고 공유된 목표를 향해 함께 나아가고 있구나 하는 것을 느낄 수 있었다.

20년을 넘게 정부에 속하여 확실한 법령, 규정과 지시를 중심으로 일해온 나에게 '아워 오션 콘퍼런스'의 운영 방식과 여기에 함께하는 참가자 커뮤니티의 행동 방식은 사뭇 충격적이었다. 어떠한 구속적인 제도 없이 자발적으로 유연하게 오랜 세월을 유지하면서 성장할 수 있다는 것이 한국의 행정 시스템에 익숙한 나에게는 낯설었다. 그런데도 별안간 이 개방적이고 느슨한 협력 체계가 앞으로 우리 시대 문제 해결의 열쇠가 될 수 있지 않을까 하는 깨달음이 들었다.

당연히 이런 느슨한 체계에 대해 강제할 수 있는 실행력이 결여된다고 지적할 수는 있을 것이다. 그러나 오히려 권위가 아니라 자발적 협력에 기반한 시스템이기 때문에 지속 가능하다는 점을 인정할 수밖에 없다. 미국 오바마 행정부 때 처음 주창된 해양과 기후변화 이니셔티브였지만, 이후 정부의 공식 지원이 불가능했을 트럼프 1기 행정부 시기에도 콘퍼런스가 유지되고 성장할 수 있었다. 이런 점을 보면, 앞으로 다른 변화의 시기에도 이 흐름은 후퇴하지 않고 지속될 수 있을 것으로 예상할 수 있다.

한 사람의
힘

전 지구적인 해양환경과 기후변화에 대한 문제 해결은 논의는 무성하지만, 실질적인 진전은 잘 눈에 띄지 않는 분야로 여길 수도 있다. 물론 가시적인 문제 해결을 위해서는 가야 할 길이 멀다. 하지만 자발적 참여자가 주도하는 콘퍼런스에서 접한 몇몇 사례는 해양환경과 기후변화에 대한 문제 해결이 결코 불가능한 일만은 아니며, 아직 포기할 일이 아니라는 희망을 던져준다.

특히 위성정보와 머신러닝 등 첨단 기술이 적용되면서 불법조업 선박을 추적하는 데 획기적인 방법을 제시하거나, 해양플라스틱을 제거하는 데 놀라운 성과를 보이는 사례가 주목할 만했다. 놀라운 성과를 보이는 이들 사업이 어느 한 나라의 정부가 주도하고 지원한 사업이 아니라, 시민사회와 민간기업의 자발적 협력으로 이루어지고 있다는 점이 더욱 놀라웠다. 작은 아이디어에서 시작해 많은 사람이 모여들고 자금이 모여 큰 변화를 이루어내는 일이 전 세계로 시야를 넓히고 협력하는 것으로 나가니, 그 성과나 영향력이 결코 미약하지 않았다.

+ 제8차 아워 오션 콘퍼런스. 파나마, 2023년 3월

　이들은 그동안 서로를 알게 되고 협력하면서 힘이 되어왔다. 그러한 노력이 쌓여서 2023년에는 유엔(UN)과 각국 정부를 움직여 공해상의 해양생물다양성을 보전하기 위한 국제협약(BBNJ)을 제정하게 만들었다. 이어진 2024년에는 플라스틱 오염에 대한 구속력 있는 협약 수립을 논의하는 단계로까지 이끌었다. 시민사회와 한 사람의 아이디어라고 해서 이제는 결코 가벼이 여겨 넘길 수 없는 시대가 된 것이다.

　10여 년 전 미국에서 대학원을 다닐 때, 실현되기에는 너무 오랜 시간이 걸릴 것 같은 막연한 아이디어 정도로 여기고 넘겼던 제안 및 주장이 2023년 파나마에서는 상식이 된 것을 확인할 수 있었다. 해양을 기후변화와 깊이 연결해서 보는 관점이나 해상풍력을 미래의 에너지원으로 개발하고 지속 가능한 해양 활용을 통해 경제성장을 도모하는 블루 이코노미에 투자를 모색하는 것은 이제 강의실과 논문의 테마를 벗어나 현실의 비즈니스가 됐다. 바다는 인류가 함께 지키고 키워가야 할 공동의 자산이라는 공감대가 세계 시민사회에 확실히 자리 잡고 있고, 해양보호가 환경운동가만의 이야기가 아니라, 우리 삶과 직결된 문제라는 인식과 실천으로 이어질 것이라는 확신이 들었다.

'아워 오션 콘퍼런스'에 대하여

2014년 당시 미국 국무장관이던 존 케리가 해양환경의 파괴·남획·오염 등 심각해지는 해양문제를 해결하기 위해 처음 제안했다. 해마다 개최되는 국제회의로, 각국 정부뿐 아니라 NGO, 시민사회, 기업, 학계 등이 함께 해양보호를 위한 자발적인 '공약'을 발표하고, 이행 현황을 공유하는 것이 특징이다.

다음과 같은 6대 분야의 핵심 의제를 중심으로 3000여 건의 공약이 발표됐다. 이들 공약은 1000억 달러 이상의 투자를 수반하며 해양보호구역 지정, 어업 관리 개선, 재정 투자 확대, 기술 개발, 해양쓰레기 수거 프로젝트 등 실질적인 결과를 도출한 것으로 평가된다.

- 해양보호구역(MPAs) 확대
- 지속 가능 어업 및 불법조업 규제
- 해양쓰레기·플라스틱·오염 문제
- 기후변화와 해양(해수면 상승, 산성화)
- 해양안보(Maritime Security)
- 해양기술 발전과 블루 이코노미(Blue Economy)

역대 '아워 오션 콘퍼런스' 주요 개최지 및 성과

✦ **제1차(2014, 미국 워싱턴 D. C.)**
해양생태계 문제를 국제사회의 최우선 의제로 부각하고, 해양쓰레기와 해양자원 남획 등 구체적 영역에서 다양한 공약이 발표됐다.

✦ **제2차(2015, 칠레 발파라이소)**
불법조업 근절, 해양생물다양성 보전 등 논의를 심화하고, 칠레 정부가 대규모 해양보호구역을 지정하겠다고 선언해 주목받았다.

✦ **제3차(2016, 미국 워싱턴 D. C.)**
오바마 정부가 해양보호구역 확장(하와이 인근)을 발표하고, 세계 각국에서 42억 달러 이상의 신규 재정 약속이 나오는 등 전 세계의 해양 보호 의지를 재확인했다.

✦ **제4차(2017, 몰타/EU 주최)**
유럽연합(EU)이 주최했다. 해양쓰레기 저감, 청정에너지 등을 핵심 의제로 추진하며, 약 70억 달러 규모의 공약을 발표했다.

✦ **제5차(2018, 인도네시아 발리)**
아시아 지역에서 처음 개최했으며, 인도네시아 정부가 플라스틱쓰레기 저감 목표(2025년까지 70% 감축)를 선언했다. 해양플라스틱 문제가 뜨거운 이슈로 부상하기도 했다.

✦ **제6차(2019, 노르웨이 오슬로)**
해양 연구, 혁신 기술, 파리기후협정 이행과 해양의 연계성을 강조하고, 북극해 문제(빙하 감소, 북극항로 등)도 주목했다.

✦ **제7차(2022, 팔라우/미국 공동 주최)**
코로나 팬데믹 이후 재개된 대면 회의이자 소규모 도서개발도상국(SIDS)의 해양관리가 이슈화됐고, 해양기후 연계와 블루 이코노미 육성, 기후변화 완화와 적응 방안을 논의했다.

✦ **제8차(2023, 파나마 파나마시티)**
중남미 최초로 파나마시티에서 개최했다. 역대 최대 규모의 참가단(약 600여 기구·단체, 수십 개국 대표단)이었다.
총 341건의 공약(Voluntary Commitments)이 발표됐고, 이로 인한 재정 투자 규모는 약 200억 달러에 달했다. 다국적 기업, NGO, 연구기관 등이 다양한 파트너십 체결을 발표하며, 구체적인 실행력을 높이려는 노력이 두드러졌다.
'더 빠른 이행(Faster Implementation)'을 강조했다. 이전 회의들이 '공약 발표' 중심이었다면, 이번 파나마 회의에서는 기존 공약의 실질적 이행 상황을 집중 점검하고, 구체적 실행 로드맵, 성과 측정 지표를 어떻게 설정할지, 자금·기술 지원을 어떻게 연결할지 등을 심도 있게 논의했다.
해양보호구역 확대: 파나마, 캐나다, 일본, 미국 등 다수 국가가 자국의 배타적경제수역(EEZ)이나 공해상 신규 해양보호구역 지정 계획을 발표했다.

불법조업 규제: 대표적인 수산물 생산·수출 지역인 중남미에서 불법·비보고·비규제 어업 근절의 중요성을 재차 확인했다. 추적 기술(위성, AIS 등)과 국제협력 확대 방안을 논의했다.

해양오염 저감·플라스틱 규제: EU, 미국, 일본 등이 해양플라스틱·유해 화학물질 관리 강화 의지를 표명했다. 관련 연구개발 지원금도 대폭 확대했다.

기후변화 대응: 해양기후 분야에 대한 투자(탄소 흡수원으로서의 맹그로브숲·염습지 등 자연기반해법)를 발표했다.

블루 이코노미 추진: 해양재생에너지, 해양관광 등 경쟁력 있는 블루 이코노미 산업에 대한 자금 지원, 기술 협력 강화 선언, 해양에너지(해상풍력, 파력, 조력 등), 해양바이오, 친환경 선박 등 미래 산업을 육성하겠다는 다국적 기업과 정부의 의지가 반영됐다.

소도서국 및 개도국 지원: 파나마 회의에서 특히 중남미 및 카리브해 지역의 해양보전·산업 발전 지원이 주요 의제로 다뤄졌다.

✦ **제9차(2024, 그리스 아테네)**

'건강한 해양, 지속 가능한 미래'를 주제로 개최하여, 100여 개국 정부 대표, 민간기업, 국제기구, NGO 등이 참여했다.

기후변화와 해양의 상호 연관성을 강조하고, 기후 회복 탄력성(Resilience)을 높이는 해양 중심의 자연 기반 해법(NBS)을 논의했다. 또한 글로벌 협력을 통해 해양보호와 경제발전의 균형을 맞추는 해법, 즉 블루 이코노미, 블루 파이낸스와 혁신 기술(예: 위성 기술, 데이터 플랫폼)을 활용해 효과적인 해양관리 방안을 탐구했다.

'아워 오션 콘퍼런스'는 단순한 토론의 장이 아니라, 구체적인 행동과 공약을 이끌어내는 실천 중심의 플랫폼으로 자리 잡고 있다. 아울러 해양과 기후의 연결성을 강조하며, 파리기후변화협약 및 글로벌 생물다양성 프레임워크 목표와 연계한 국제 해양보호 노력을 가속화할 것으로 기대된다.

'아워 오션 콘퍼런스'는 2014년 이래 해마다(코로나 팬데믹 시기 예외) 이어오며, 전 세계의 해양행동 의제를 대중적 관심에서 '구체적 실행' 단계로 올려놓은 의미 있는 국제회의로 평가된다. 글로벌 해양행동의 촉매제로서 국가, NGO, 기업, 시민사회가 해마다 모여 투명하게 공약을 발표하고 이행 상황을 점검함으로써 '대중적 관심'+'정치적 동력'을 동시에 확보하고, 협업 모델을 확산시키고 있다.

'유엔 오션 콘퍼런스(UN Ocean Conference)' 같은 다른 국제회의보다도 실질적 해결책(MPA 지정을 위한 자금, 폐플라스틱 수거 기술, 연구 연합 등)에 집중한다는 평가다. 회의가 계기가 되어 불법조업 근절 협력, 새로운 해양보호구역 설정이 잇따르고, 남획 규제가 체계화되는 추세를 견인하고 있다.

앞으로는 공약 이행의 실효성을 확보하기 위해 실제 집행까지 걸리는 절차나 모니터링을 논의하며 실질적 성과를 창출하고, 개도국의 공약 이행을 지원하며, 지역 공동체 등과의 갈등을 조율하는 협력 거버넌스에 관심을 두는 이행 점검과 협업 플랫폼으로 발전할 것으로 보인다.

Passwor
Open

'd to
Ocean
Action

CHAPTER 2

해양행동을 여는
비밀번호:
89.93.02.07.15.23

개인적인 기억만 소환해보더라도 2007년 세계인에게 공론화되기 시작한 기후변화는 채 10년이 되지 않아 국제협약까지 이르렀다. 기후변화행동가와 긴밀하게 협력해온 해양행동가의 커뮤니티도 이러한 경로를 충실히 학습해서 따르고 있는 것으로 보인다. 즉 기후변화 문제가 2000년대 중후반부터 시작해 이제는 전 세계 어느 정부나 기업, 단체도 외면할 수 없는 어젠다가 된 점에 비추어보면, 앞으로 10년 내에는 해양문제에 대한 활동이 그와 같이 되지 않을까.

'89.93.02.07.15.23.'

무슨 금고 비밀번호처럼 보이는가? 그렇다. 내게 새로운 생각을 열어준 비밀번호와도 같다. 내가 지구 환경과 기후변화에 대해 조금씩 눈을 뜨게 됐던 특별한 연도들을 꼽아본 것이다. 그러니까 다시 말하면 전 지구적 기후변화와 해양변화에 대한 내 인식의 문을 열어준 비밀번호라고 할 수 있다.

1989.
몬트리올 의정서.

1989년, 뉴스를 보고 지구 환경의 큰 문제를 해결하게 됐구나

하고 기뻐한 기억이 있다. '몬트리올 의정서'가 발효되면서, 전 세계가 지구 대기의 오존층을 보호하기 위해 약속했다는 것이었다. 1980년대 중반 초등학교를 다니면서 어린이 과학 잡지나 신문을 통해서 지구 대기권 높은 곳에 오존층이 있는데, 이것이 태양으로부터 오는 강한 자외선을 막아준다는 것을 알게 됐다. 또한 환경오염에 따라 이 오존층이 파괴되고 있으며, 이로 인해 자외선이 더욱 강해지면 앞으로 사람의 건강과 생태계에 큰 위협이 된다는 설명을 보고 걱정이 컸다. 그러던 중 1989년 오존층을 파괴하는 화학물질 사용을 전 세계에서 금지하여 오존층을 보호하기로 하는 국제협약을 체결했다는 뉴스를 듣게 됐으니, 어린 중학생의 마음에 얼마나 다행스럽고 기쁘게 기억됐겠는가.

1970년대에 과학자들은 스프레이에 들어가던 분사제나 냉장고·에어컨 등에 냉매제로 쓰이던 프레온가스(CFC, 염화불화탄소) 등 특정 화학물질이 대기 중에 배출될 경우 화학반응을 일으켜 오존층을 급격히 파괴한다는 사실을 밝혀냈다. 오존층이 파괴되면 인체에 해로운 자외선B가 지표면으로 더 많이 도달하여 피부암, 백내장의 위험이 높아지고 식물과 해양 생태계에도 심각한 피해를 주기 때문에 1980년대에는 오존층 파괴에 대한 국제사회의 우려가 대단했다.

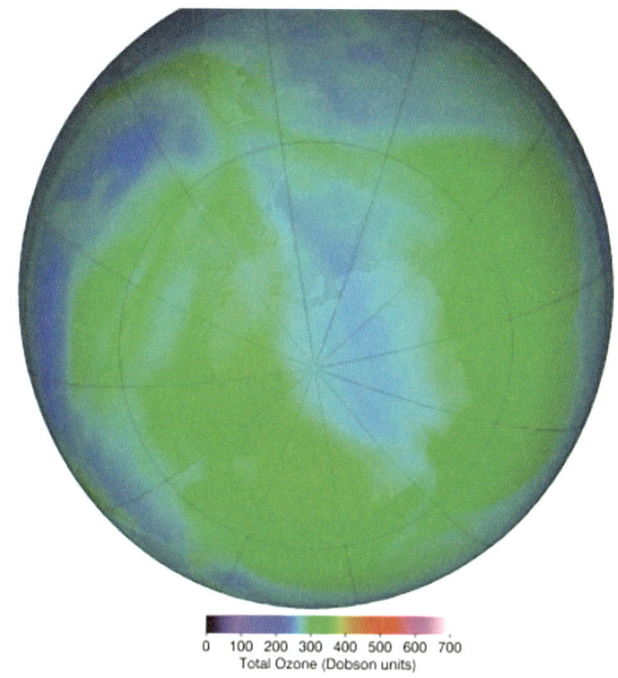

✦ 오존층 구멍이 축소되고 있다며 세계기상기구(WMO)가 내건 지도
출처: https://wmo.int/media/news/record-breaking-2020-ozone-hole-closes

이 문제를 해결하기 위해서는 해당 물질 사용을 금지해야 했다. 그러나 매우 광범위하게 일상생활에 쓰이는 물질이라 동시에 대체물질을 개발하고 보급해야 하는 것도 중요했다. 당시 프레온가스를 사용하던 산업체로서는 대체물질 개발이나 도입이 기술적으로 불가능한 것은 아니었지만, 프레온가

스에 비해 비용이 많이 들어서 기업이 자율적으로 기술 개발을 하거나 대체를 하기가 쉽지 않았다. 그러한 상황에서 다양한 논의를 거쳐 전 세계가 비용을 함께 부담하며 문제 해결을 시도했다. 선진국이 개도국과 경제·기술 수준이 다름을 인정하고, 선진국이 개도국에 기술·재정 지원을 제공해 함께 목표를 달성할 수 있도록 결단했다. 사실 당시 그러한 물질을 생산하는 나라는 얼마 되지 않았을 것이니 비교적 합의에 도달하기가 쉬웠는지도 모른다.

몬트리올 의정서는 가장 성공적인 국제환경협약 중 하나로 꼽히는데, 전 세계의 국가가 거의 모두 참여하여 협약 발효 후 CFC 배출량이 급격히 감소했다. 그리고 최근 과학자들은 〈2022년 유엔 오존층 평가보고서〉를 통해 오존층이 회복 중임을 밝혀내 국제사회가 협력하면 전 지구적인 환경문제를 해결할 수 있다는 희망적 사례를 제시했다.

이 경험은 이후 국제적 환경문제를 해결하기 위한 모범답안처럼 여겨지고 있다. 여러 나라가 환경위기를 맞아 긴급히 협력하여 오염물질 사용을 금지 또는 감축하는 협약을 제정하고 이를 대체하는 기술 개발까지 결합한다면, 심각한 지구적 문제도 해결할 수 있다는 믿음이 인류에게 생긴 것이다.

1993.
온실효과.

이것은 국제적인 이벤트는 아니고 순전히 개인적 경험에 대한 이야기다. 당시 고등학생이던 나는 대입 수학능력시험 공부를 하면서 언어 영역과 외국어 영역에서 다양한 종류의 문제 풀이 지문을 읽었는데, 환경오염 문제가 자주 나왔다. 아마도 환경 이슈들은 과학적 지식과 사회적 영향 등을 아울러 통합교과적인 문제를 출제하기에 좋은 테마가 아니었을까 싶다. 그런 문제들 가운데서 온실효과(Greenhouse Effect)에 대해서 설명하는 내용을 접한 적이 있다.

상세한 내용을 떠올리는 것은 불가능하지만, 대기 중에 화석연료로 인한 이산화탄소 농도가 높아지면 지구의 기온이 높아지는 온실효과를 일으킬 수 있다는 연구 내용을 소개하는 정도였던 것으로 기억한다. 대학생이 되어서도 그 이상의 설명을 더 접할 기회가 많지는 않았고, 나의 관심도 거기서 더 자라지는 않았다. 언젠가는 온실효과 같은 환경문제가 점점 심해지면서 점차 중요한 문제가 되겠다는 정도의 막연한 생각만 갖고 있었던 것 같다.

2002.
환경 파괴.

내가 공무원으로서 직장 생활을 시작하고 얼마 되지 않은 시기였다. 우리나라가 대규모 국제행사를 유치하려고 여러 나라를 상대로 주요 당국자들을 만나러 다니고 초청하는 업무를 하고 있었다. 다양한 면담을 주선하고 지원하면서 이런저런 국제사회의 관심사를 면담의 대화 소재로 활용했다.

그런 과정에서 여러 면담이나 회의를 따라다니며 어깨너머로 주워들은 이슈가 많았는데, 당시에도 환경문제는 국제적 면담과 회의의 주요 공통 관심사로서 대화를 열어 나가기 참 좋은 소재였다. 그런데도 그 시기에 다루던 이슈는 대기, 수질, 토양 등에 대한 다양한 오염문제와 자원 고갈 및 난개발에 따른 환경 파괴가 대부분이었다. 이에 반해 화석연료 사용에 따른 이산화탄소 배출과 기후변화는 들어본 적이 거의 없었던 것 같다. 아마 그때까지도 이산화탄소 배출과 기후변화에 대해서는 전문가 집단을 넘어선 대중적인 논의는 없었다고 할 수 있다.

2007.
기후변화 통합보고서.

2007년 1월 영국과 그리스를 이어서 일주일 정도 출장을 간 적이 있다. 1월에 유럽을 가는지라 상당히 추울 것이라고 예상해 두꺼운 옷을 준비했다. 그런데 뜻밖에도 겨울옷을 입으면 땀이 날 정도로 날씨가 따뜻했다. 급기야 그리스에서는 그 유명한 지중해의 화창한 햇빛에 반팔옷을 입어도 될 만큼 우리나라 5월 정도의 날씨를 며칠 연속해 경험했다.

그때 만났던 상대방 국가 공무원들 모두 대화의 첫마디가 "날씨가 미쳤다"였다. 특히 한 그리스 공무원의 말이 기억난다. "아무리 겨울 날씨가 춥지 않은 그리스라도 이건 절대 정상이 아니다"라고 강조했다.

마침 그해에 얼마 지나지 않아 유엔 '기후변화에 관한 정부 간 패널(IPCC, Intergovernmental Panel on Climate Change)'에서 역사적인 〈기후변화 2007 통합보고서〉를 발표했다. 현 상태대로라면 2100년까지 지구의 평균기온이 섭씨 2도 상승할 것이라고 예측했고, 그렇게 되면 심각한 기상이변이 자주 발생하고 빙하가 녹고 해수면이 상승하게 될 것이라고 경고했다. 이 보고서는 전 세계에 큰 충격을 던져 기후변화 이슈가 각종 언론과 국제회의의 주요 테마가 됐다. 이후 각종 정책에 지속가능성이 필수적인 고려 사항이 되는 시대로 급속히 이행했다. 이러한 공로를 인정받아 같은 해인 2007년 말 IPCC는 노벨평화상을 수상하기도 했다.

2015.
파리기후변화협약.

나는 2014년 여름부터 2년간 델라웨어대학교(University of Delaware)에서 에너지-환경정책 석사과정(Master of Energy and Environment Policy)을 다녔다. 그때 기후변화와 함께 해양정책(Marine Policy) 분야를 함께 공부했는데, 2015년 말 여러 교수 및 대학원생들이 흥분된 분위기에 있었던 것을 뚜렷이 기억한다.

    기후변화, 에너지 전환, 해양정책 등 여러 과목의 교수, 대학원생들이 일제히 12월 초에 휴강하고 프랑스 파리를 다녀온다고 했다. 유엔의 기후변화 무슨 회의를 가서 이런저런 활동을 할 것이라고 했다. 몇몇 교수님께서는 떠나기 전에 "이번에는 의미 있는 성과를 거두고 올 것"이라는 기대 내지 자

✦ 파리기후변화협약에 참가한 정상들. 2015년 12월
출처: https://www.weforum.org/stories/2015/12/why-the-paris-agreement-is-a-model-for-21st-century-global-governance

신감을 내비치기도 했다.

그러고 며칠 지나지 않아서, 전 세계 뉴스에서는 미국 오바마 대통령과 중국 시진핑 주석을 비롯하여 여러 나라 정상들이 무대 위에 서서 기후변화에 대응한 국제협약에 합의했다고 발표하는 것을 볼 수 있었다. 2015년 '파리기후변화협약'이 바로 그것이었다. 내가 1년여 동안 강의실에서 들어왔고, 읽어왔던 여러 주장과 가설이 현실이 되는 장면이었다.

전 지구상의 산업국가가 자발적으로 탄소 배출을 줄이는 목표를 정하고 2100년까지 지구 평균기온 상승을 섭씨 1.5도

이내로 막겠다는 약속을 한 것이었다. 그에 앞서 2015년 9월 유엔 총회에서는 '지속 가능 목표 17개(SDG's 17)'를 발표했는데, 그중 14번째 목표로 '해양의 지속 가능한 이용과 생명다양성 보존'이 채택되기도 했다.

  이 모든 것이 학기 중에 주위 사람들로부터 계속 들어왔던 내용이었는데, 국제협약으로 탄생하는 것을 생생하게 보게 됐다. 그런 활동에 주도적으로 참여한 사람들로부터 파리에서 있었던 며칠간의 무용담을 들을 수도 있었다. 나도 좀 더 일찍부터 적극적으로 저들의 활동에 참여했더라면 역사적인 파리 기후변화협약의 현장에도 같이 있지 않았을까 하는 아쉬움도 스쳤다. 내 주변에서 나와 별로 다를 바 없는 연구원과 학생들이 듣고 이야기해왔던 아이디어들이 점차 뜻을 같이하는 파트너를 만들고 협력을 넓혀가다 보니 마침내 국제질서의 커다란 변화까지 이끄는 것도 가능해지는 것을 절감했다.

2023.
아워 오션 콘퍼런스.

나는 운 좋게도 2023년 파나마에서 열리는 제8차 '아워 오션

✤ 제8차 아워 오션 콘퍼런스 총회에서 존 케리 미국 기후변화특사가 연설하고 있다.

출처: https://www.reuters.com/world/us/us-details-6-bln-pledges-climate-ocean-investments-2023-03-03

콘퍼런스'에 참여할 수 있었다. 2015년 '파리기후변화협약'은 전해 듣기만 했지만, 이번에는 현장에서 2박 3일간 글로벌 오션 커뮤니티들이 변화를 어떻게 만들어 가고 있는지 직접 볼 수 있었다.

이미 이 콘퍼런스에서 기후변화와 해양변화는 모두가 받아들이는 시급한 이슈가 되어 있었고, 해양과 기후변화의 연결(Connection)이 주제로 다루어질 만큼 국제사회의 이해가 깊어진 것을 볼 수 있었다. 특히 그러한 논의를 정부 당국보다도 많은 비정부기구(NGO)와 기업이 주도하고 있다는 점이 크게 놀라웠다. 2023년 3월 파나마에서 보낸 2박 3일은 앞서 소개한 이전 20여 년간의 내 경험과 합쳐지면서 장차 다가올 큰 파도를 예감하고 분석해보게 했다.

내 기억만 소환해보더라도 2007년 세계인에게 공론화되기 시작한 기후변화 문제는 채 10년이 되지 않아 국제협약을 체결하는 데까지 이르렀다. 이 과정에서 기후변화행동가와 긴밀하게 협력해온 해양행동가의 커뮤니티도 이러한 경로를 충실히 학습해서 따르고 있는 것으로 보인다. 즉 기후변화가 2000년대 중후반부터 시작해 이제는 전 세계 어느 정부나 기업, 단체도 외면할 수 없는 시급한 이슈가 된 점을 비추어 보면, 앞으로 10년 내에는 해양문제에 대한 활동도 그와 같이 되지 않을까 예측해본다. 이런 큰 파도와 바람이 일어나고 있는 것을 현장에서 지켜본 사람으로서 '예보를 하지 않을 수 없다'는 의무감을 계속 되새기게 됐다.

'기후변화에 관한 정부 간 패널'에 대하여

'기후변화에 관한 정부 간 패널(IPCC)'은 1988년 유엔환경계획(UNEP)과 세계기상기구(WMO)가 공동 설립한 국제기구로, 전 세계 과학자들이 참여해 기후변화와 관련한 과학적·정책적 평가보고서를 발간해왔다. IPCC의 중요한 특징은 독자적으로 연구를 진행하기보다는, 이미 발표된 전 세계의 다양한 논문과 보고서를 종합·분석하고, 정부 대표와 전문가가 함께 검토·승인 과정을 거쳐 '과학적 합의'를 담아낸다는 점이다. 이러한 과정을 통해 IPCC는 기후변화 문제에 가장 권위 있는 과학적 근거를 제시하는 기구로 자리 잡았다.

IPCC 보고서는 정기적으로 발행되는 평가보고서(AR, Assessment Reports)와 특별보고서(Special Reports)로 구성된다. 평가보고서의 예를 들면 다음과 같은 것이 있다.

- 평가보고서 AR4(2007): "지구온난화는 명백하게 인간 활동의 결과"라는 강력한 결론을 제시해 국제사회에 충격을 주었다. 이로 인해 탄소 배출 감축, 신재생에너지 확대, 에너지 효율 향상을 골자로 하는 대응 방안 등이 전 세계적으로 논의되기 시

작했다.
- 평가보고서 AR5(2013~2014): 해수면 상승, 극한 기상현상 빈도 증가, 빙하와 해양생태계 변화 등에 관한 보다 구체적이고 과학적인 근거를 제공하여, 파리기후변화협약(2015)의 탄생에 중요한 밑거름이 됐다.
- 평가보고서 AR6(2021~2022): 인류가 지금 당장 탄소 배출을 획기적으로 줄이지 않으면 지구 평균기온 상승 폭을 1.5℃ 이내로 제한하기 어렵다는 점을 재차 강조했다. 특히 기후 시스템이 임계점을 넘어서면 되돌릴 수 없다는 경고를 통해 기후 행동의 긴급성을 다시 한 번 전 세계에 각인시켰다.

특별보고서 중 2018년에 발간된 '지구온난화 1.5℃ 특별보고서'는 정책·경제·사회 전 영역에서 '탄소중립(Net-Zero) 달성'을 향한 획기적인 전환이 이루어지지 않으면, 기후변화 피해가 돌이킬 수 없을 만큼 심각해질 것이라는 메시지를 전했다.
특히 2019년 '해양·빙권 특별보고서'는 해양산성화, 빙하 감소, 해수면 상승이 생태계·연안도시·수산업에 미치는 구체적인 영향과 그에 대한 적응 대책을 강조하여 해양환경 보전의 중요성을 재조명했다.
IPCC가 내놓는 이 같은 보고서들은 과학적 합의를 넘어 국제기구, 각국 정부, 시민사회가 기후변화 정책을 수립하고 협상(예: 유엔기후변화협약 당사국총회)을 진행하는 데 핵심 근거로 쓰인다. 정부 간 협의 과정을 통해 보고서의 문안을 승인한다는 점은 보고서가 지닌 객관성·공신력을 더욱 높여준다. 반대로 정치적 타협 때문에 과학적 경고가 일부 완화되거나 표현이 절충되는 측면도 있어 이를 둘러싼 논란이 생기기도 한다.

그런데도 IPCC가 노벨평화상을 받음으로써 기후변화를 인류 공동의 '평화'문제로 격상시킨 사례는 매우 상징적이다. 기후위기는 국가 간 분쟁과 난민 발생, 식량 공급망 붕괴 등 광범위한 사회·경제적 불안정을 야기할 수 있기 때문이다. IPCC가 보여준 가장 큰 성과는 바로 '환경문제가 곧 평화의 문제이자 생존의 문제'라는 인식을 확산시켰다는 점에 있다. 앞으로도 IPCC 보고서는 기후위기에 대한 경각심을 높이고, 과학적 근거를 바탕으로 국제사회가 '기후행동(Climate Action)'을 더욱 가속화하도록 이끌 것으로 기대된다.

The Value Ocean in Everyday

CHAPTER 3

💧

일상생활 속
바다의 가치

모든 생명체의 호흡에 필수인 공기지만, 우리는 그것이 너무나 당연해서 그 소중함을 잊고 지내는 것처럼, 우리 국민에게 바다는 일상과 경제생활을 떠받치는 결정적인 천연 인프라다. 우리에게는 한반도를 표현할 때 '삼면이 바다로 둘러싸여 있다'고 묘사하는 것이 익숙하지만, 이제부터는 바다로 막혀 있다는 느낌이 아니라, '삼면이 바다로 열려 있다'는 표현으로 바꿔야 하지 않을까.

기후변화는 이제 지구상의 모든 나라, 지역이 큰 영향을 받는다는 점에서 보편화된 이슈가 된 반면, 해양변화는 여전히 연안이나 섬 지역에 국한된 이슈로 여겨지기 쉽다. 그러나 바다는 인류의 생존을 떠받치는 산소 탱크이자 먹는 물 공급원이기도 하다는 점에서 우리 생활에 직결된다.

흔히 아마존을 '지구의 허파'라고 하지만, 실제로 숲의 산소 공급량에 비해 바다의 식물성플랑크톤이 생산하는 산소 공급량이 훨씬 커서 지구 산소 공급의 50퍼센트 이상을 담당한다. 아울러 인간뿐만 아니라 육상생물이 살아가는 데 필수적인 담수 역시 바다가 90퍼센트 이상을 공급한다. 담수 공급원은 주로 하늘에서 내리는 비인데, 비구름을 만드는 것은 지구 표면의 70퍼센트를 덮고 있으며 지구상 물의 97.5퍼센트

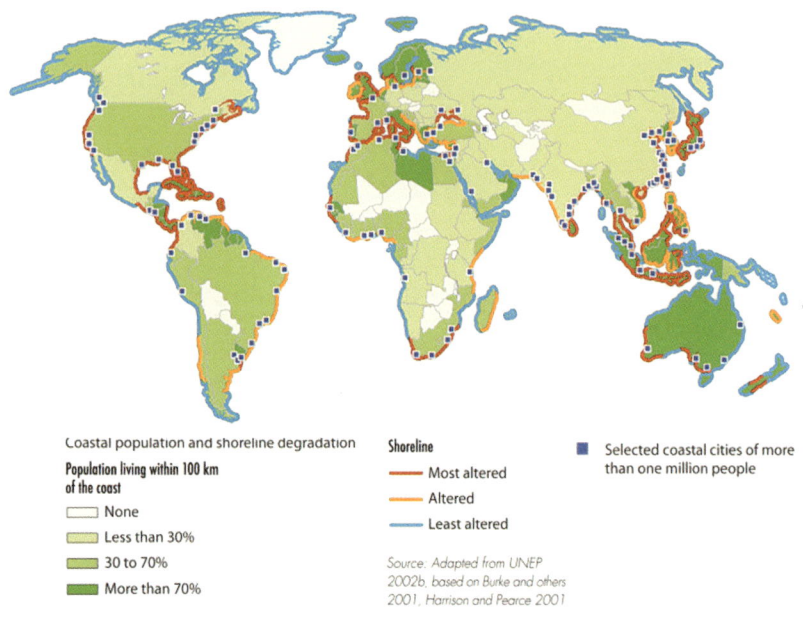

+ 연안 인구의 집중도를 보여주는 지도
출처: https://www.grida.no/resources/5542

를 차지하는 바다에서 증발한 수증기로 주로 이루어진다는 점에서 그러하다.

그뿐 아니라 바다로부터 실생활에 직접적인 영향을 받는 지역은 바닷가가 보이는 지역이 아니더라도 굉장히 광범위하다. 국제기구에서는 연안에서 수십 킬로미터 내지 100킬로미터까지 연안지역으로 여기기도 한다. 그 기준에 따르면 전 세계 인구의 40퍼센트 이상이 연안지역에 살고 있다고 볼 수 있다. 또한 그 기준으로 보면 대한민국 국민은 모두 연안지역에 거주하는 셈이기도 하다.

한반도의 전 지역은 연안지역이다

우리나라는 날씨를 정확하게 예보하기가 매우 어려운 지역이다. 경험상 많이 공감할 수 있을 것이다. 그 때문에 '기상청 소풍 날 비가 왔다'는 말처럼 확인되지 않은 우스갯소리도 있고, 기상청 직원의 고충을 소재로 한 드라마가 꽤 화제가 된 적도 있다.

 일기예보가 어려운 큰 이유는 우리나라 전역이 바다에 가까운 지역이라 바다 위를 지나는 공기로부터 날씨가 큰 영향을 받기 때문이다. 바다를 접한 해안지역이나 섬지역은 대륙 중앙부에 비해 일기예보의 불확실성이 높다. 일기예보의 불확실성이 높다는 것은 곧 우리나라 전체가 연안지역이라는 점을 방증하는 것이기도 하다. 이론적 설명 이전에 흥미로운 사례를 다룬 기사를 하나 소개한다. 영국 기상청의 1987년 기록적인 폭풍 예측 실패 사례를 분석한 것이다.

1987년 10월 15일에서 16일 밤 사이에 런던 등 영국 남동부를 강타한 시속 160킬로미터에 육박하는 강풍으로 18명이 숨지는 등 큰 피해가 발생했다. 그러나 사전에 이러한 강풍 예보가 전혀 없었던 사건으로, 그 원인을 연구한 것이다. 기사의 주 내용은 당시의 일기예보가 의존한 모델의 한계, 컴퓨팅 역량의 한계, 예보관의 커뮤니케이션 실패 등이었던 것으로 기억한다.

그런데 해양수산부 공무원인 나에게 다르게 다가온 점이 있다. 당시 기상예보의 최선진국 중 하나인 영국에서도 이러한 큰 실패를 겪은 요인을 바다의 존재라고 생각한 것이다. 기존의 기상 예측 모델로 놓칠 수밖에 없었던 급격한 기상변화의 가능성이 바다를 지나면서 짧은 시간 안에 상상을 초월할 정도로 증폭된 것이라고 생각했다.

미국에서 생활하면서도 이 점에 대해 많은 것을 경험했다. 최고의 기상 관측과 예보 역량을 자랑하는 미국에서도 바다를 지나는 기상 현상을 예측할 때는 불확실성이 현저히 커진다는 것이었다. 예를 들어 북쪽 대륙에서 내려오는 눈폭풍 등은 며칠 전부터 매우 정확하게 경로나 강도를 예측하는 반면, 남쪽 바다에서 발달하는 비바람 예보는 편차가 매우 컸다.

이러한 경험은 우리에게 일상이다. 예측하기 어렵게 단시간에 급격히 발달하는 집중호우를 빼놓고 이야기하더라도 태풍 시기마다 한반도에 상륙하기 약 일주일 전부터 뉴스에서는 태풍 발생을 예보하기 시작한다. 하지만 그 상륙 지점과 진행 경로는 상하이에서 일본까지 얼마나 넓고, 그 규모와 속도도 예측이 불가하지 않은가.

　길게 늘어놓은 날씨 이야기와 해양정책이 무슨 연관이 있는지 정리하자면, 우리가 일상적으로 의존하는 날씨, 특히 우리나라 날씨는 절대적으로 바다의 영향을 받는다는 것이다. 특히 한반도 전역은 바다에서 100킬로미터 이내에 있어 어떤 기상현상도 몇 시간 이전 바다의 영향을 반영하고 있다고 해도 틀린 말이 아니다. 바다에서 생산되는 수산물의 시세나 여행 갈 때 바닷가 날씨뿐이 아니고, 오늘 우리 가족의 생활에 바다가 직접적으로 영향을 미치고 있다는 점을 단적으로 보여준다.

우리나라가
내륙국가였다면

세계지도를 거꾸로 본 적이 있는가. 즉 남극을 위로, 북극을 아래로 오게 놓고 세계지도를 보면, 한반도에 접한 바다가 훨씬 커 보인다. 통상적으로 보던 세계지도에서는 한반도가 대륙에 매달려 있는 것처럼 보인다면, 거꾸로 본 세계지도에서는 대륙을 딛고 바다로 뻗어나가는 것처럼 보인다.

해양정책 용어로 말하자면 우리나라는 지난 몇십 년간 이 지리적 위치를 십분 활용해 전 세계의 주요 항구, 즉 소비시장으로 바로 연결되는 가장 가치 있는 해상무역로를 개척하여 운영해왔다. 그 결과 지금은 전 세계에서 네 번째로 많은 해상운송 능력, 1억 톤의 선박 보유량을 가지고 있고, 부산항은 세계에서 세 번째로 많은 컨테이너 환적(Transit) 화물을 처리하며 세계에서 가장 바쁜 항구 중의 하나가 됐다.

이 의미가 어떤 것인지, 만일 우리나라가 내륙국가였다면 지금과 같은 경제성장이 가능했을까 하는 가상의 비교를 통해 설명해보고자 한다. 특히 지금과 같은 산업사회에서 얼마나 큰 차이가 있는지 간단하게 비교해볼 수 있다.

만일 우리가 대부분의 수출입 화물을 육로로 운송해야 한

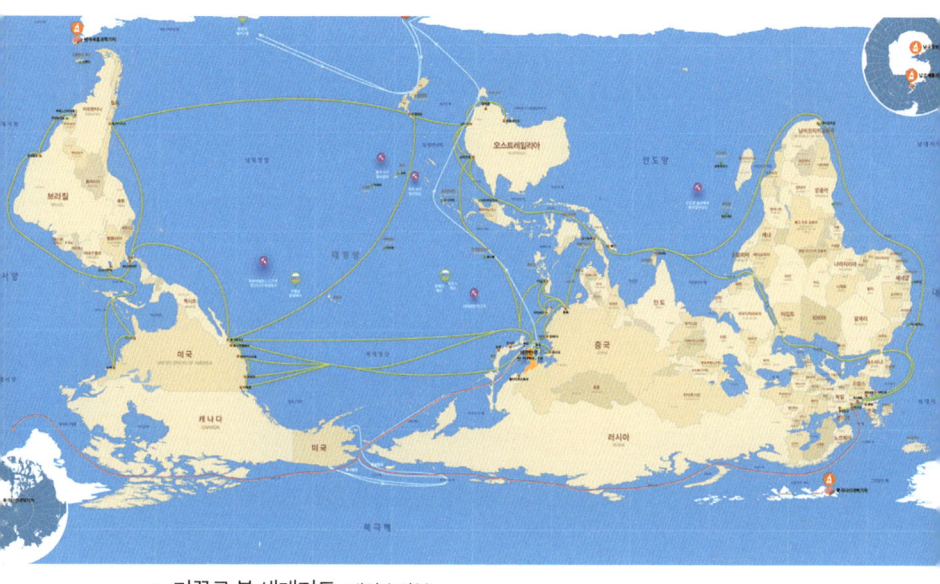

+ 거꾸로 본 세계지도. 해양수산부

다고 가정하자. 아시아에서 유럽까지 대륙을 가로지르는 유명한 시베리아횡단철도 같은 것도 깔려 있다고 하자. 이때 부산이나 목포에서 서울로 컨테이너를 보내는 하루 물량은 얼마나 될지 계산해보자. 열차 한 편에 컨테이너를 몇 개나 실을 수 있을까. 20개 정도? 평탄한 대륙을 달리는 열차에서는 컨테이너 100개도 연결하기는 하지만, 산지가 많은 우리 지형에서는 약 20개 정도가 한계일 것이다.

    20개의 컨테이너를 실은 열차는 하루에 몇 편을 운행할 수 있을까. 부산-서울 간을 100편 운행할 수 있을까? 24시간을 쉬지 않고 운행할 경우 10분 남짓마다 출발해야 할 것이다. 이는 철도 차량에 컨테이너를 옮겨 싣는 작업은 지체 없이 부드럽게 순간적으로 이루어진다는 비현실적인 가정을 전제로 한 것이다.

부산역이나 서울역을 가보면 10개가 넘는 선로에서 10여 분 간격으로 기차가 출발하는 것을 볼 수 있다. 이 정도면 거의 최대 부하로 역을 운영하는 수준이다. 실제 운송 수요가 폭증하는 주말이나 명절, 연휴 때에도 기차가 거의 증편되지 못하는 것을 보면 이미 우리나라의 철도 편수는 용량 대비 거의 최대한으로 운영하는 것임을 짐작할 수 있다. 여객운송과 화물운송 운영의 차이점은 존재하겠지만, 어림짐작으로도 큰 차이는 없을 것이라고 생각한다.

그렇다면 하루에 부산-서울 간 컨테이너 20개의 화물열차를 편도 100편 운행할 수 있다고 할 때, 하루에 처리할 수 있는 컨테이너 수는 2000개다. 많은 수이긴 하다. 선로나 터미널을 증설한다면 조금 더 늘릴 수 있을 것이다.

컨테이너 선박의 운송 규모는 얼마나 될까. 요즘 운항하는 초대형 컨테이너선은 한 척에 20피트 컨테이너 2만 개 이상을 싣는다. 40피트 대형 컨테이너 기준으로 하면 1만 개 이상을 한 번에 운송할 수 있고, 2024년 기준 부산항 컨테이너 선석이 29선석인 점을 감안하면, 하루에 컨테이너 1만 개를 실을 수 있는 선박을 20여 척까지도 출항시킬 수 있다. 그 말은 하루에 처리할 수 있는 컨테이너 양이 20만 개가 넘을 수도 있다는 것이다.

자, 육상에서 장거리 대량운송에 가장 효율적이라고 알려진 철도로 최대한 처리할 수 있는 컨테이너 양이 하루 2000개 남짓 되는 데 반해, 해상에서는 하루 20만 개를 충분히 처리할 수 있다. 단순 물량 비교만으로도 해상운송이 100대 1로 처리 능력이 크다. 게다가 해상운송의 단위 비용은 노선에 따라 여건이 다르겠지만 통상 철도의 절반 내지 3분의 1에도 미치지 않는다는 점을 추가하면 해상운송의 효율성은 훨씬 더 커진다.

국가 간 운송의 경우 해상운송은 경제 제재만 아니라면 대부분의 나라 항구에 자유롭게 드나들 수 있고 컨테이너의 규격도 전 세계 어느 나라, 어느 항만이나 통일되어 있어 아무 제약 없이 짐을 싣고 내릴 수 있다. 반면 철도의 경우 국경을 넘어가는 것은 매우 제한적이다. 굳이 북한과의 철도 연결을 거론하지 않더라도 국경을 넘는 것이 쉽지 않은 지역이 많다. 우리나라 철도 레일 규격과 러시아의 규격이 서로 달라 우리나라에서 실은 화물은 러시아 국경을 넘어갈 때 새로운 열차로 다시 옮겨 실어야 한다.

이런 제약을 종합하면, 현실적으로 철도운송 시간이 해상운송보다 적은 것도 아니다. 실질적으로 여러 차례 멈춰 서서 옮겨 싣는 등의 과정을 감안하면, 시간상으로도 해상운송이 결코 더 오래 걸리지 않는다. 그나마 유럽은 철도가 지도상으로라도 연결되어 있지만, 철도로 연결할 수 없는 세계 최대 시장인 북미대륙은 어떻게 한다는 말인가.

이쯤 하면 세계 10대 무역대국 대한민국에 바다가 없었다면, 다시 말해 우리나라가 내륙국가였다면, 절대로 지금과 같은, 아니 지금의 100분의 1만큼의 경제성장도 어려웠을 것이라는 결론이 전혀 무리는 아니다. 그러니까 우리나라가 이렇게 삼면이 바다인 지역에 위치한다는 것은 우리가 투자해서 건설하지도 않은 천연의 해상고속도로 위에 있는 것이나 마찬가지라는 해석을 할 수도 있다는 말이다.

전 세계 어느 곳과도 막힘없이 물품을 실어 나를 수 있는, 특히 중국이나 일본 등 주요 화물 중심지와 가까운 주요 해상교통로에 우리나라가 위치한다는 것은 큰 지리적 이점이다. 게다가 앞으로는 북극을 통과하는 항로도 열릴 수 있다고 하니 우리나라는 해상교통 측면에서 유럽항로, 북미항로, 북극항로라는 세 노선이 만나는 '3중 환승역의 초역세권'에 위치하는 것이라고 평가할 수 있겠다.

우리에게 바다는 경제생활을 떠받치는 결정적인 천연 인프라다. 그러나 바다로 연결되는 것이 모든 나라에게 동등하게 허락된 자연스러운 것은 아니다. 이 점을 일찍 깨달은 나라들은 바다로 나가기 위해 바다와 접하는 곳에 항구와 도시를 만들었고, 특별히 파나마운하, 수에즈운하처럼 육지였던 곳을 큰 노력을 들여서 바다로 연결하기도 했다. 게다가 최근 그린란드와 북극과 같이 빙하가 녹으면서 새롭게 바다와 연결이 되어 여러 나라가 기회를 엿보는 지역도 있다. 바다로 나가는 통로를 확보하기 위하여 강대국이 경쟁했던 역사는 여전히 되풀이되고 있다.

우리에게는 한반도를 표현할 때 '삼면이 바다로 둘러싸여 있다'고 묘사하는 것이 익숙하지만, 이제부터는 바다로 막혀 있다는 느낌이 아니라, '삼면이 바다로 열려 있다'는 표현으로 바꿔야 하지 않을까.

바다는 문명 발달의
필요조건

우리나라만이 아니라 세계 역사를 통틀어 바다와 국가 발전 또는 문명 발전을 연결해 생각해보면, 바다를 끼고 있는 지역이 과학기술과 경제발전에서 대륙 내부 지역보다 보편적으로 유리한 위치에 있었음을 알 수 있다.

고대부터 중세, 근대에 이르기까지 해상교역은 가장 빠르고 대량으로 물자를 이동할 수 있는 방법이었다. 문명과 경제의 발전에는 당연히 더 많은 물자를 활용할 필요가 있었는데, 이러한 물자의 운송을 감당할 수 있는 많은 항구도시가 경제적으로 번영을 누릴 수밖에 없었다. 베네치아, 제노바, 리스본, 암스테르담, 런던, 뉴욕, 홍콩, 싱가포르 등은 항구를 기반으로 글로벌 무역과 금융의 중심지가 된 강력한 사례다.

단순히 물자의 운송에 그치지 않고 자연히 연안지역은 배를 통해 인적 교류가 활발하게 일어나면서 학문, 기술, 문화가 쉽게 전파됐다. 따라서 해안도시가 대륙 내륙보다 외부 문명과의 접촉이 자유로워 과학기술 변화에도 민감하게 대응할 수 있었다. 근대 이후 각 지역의 개방 속도에 따라 국가의 발전 속도가 점점 더 크게 차이 나기 시작했고, 이런 흐름은 지금까지도 이어지고 있다.

또한 바다 자체가 대단한 자원을 보유하고 있어서 연안지역은 전통적으로 도시가 발달했다. 풍부한 수산자원을 기반으로 어업 및 수산가공산업을 발전시킬 수 있었고, 해양 레저 및 스포츠, 크루즈관광업, 숙박업, 요식업 등 다양한 서비스산업의 중심으로도 다양하게 활용되기에 유리했다. 우리나라 역시 1950년대에 수산업이 주요 외화 획득 산업으로서 초기 자본 축적에 크게 기여했다.

나아가 해저의 원유, 광물 자원을 비롯하여 고갈되지 않는 해상풍력, 조력, 파력 등 광대한 용량의 해양 신재생에너지는 앞으로도 새로운 에너지산업 생태계의 발전을 예고하고 있다. 아울러 이러한 잠재력을 최대한 활용할 수 있기 위해서는 가속화되는 기후변화와 해양변화를 잘 아는 것이 중요하다. 따라서 앞으로 해양·기후 관측 기술과 대응 운영 역량이 미래 국가와 지역의 경쟁력이 될 것이다.

특히 창의성과 혁신이 경쟁력의 핵심이 되는 시대에 문화적으로도 연안지역이 우위를 가질 수 있다. 전통적으로 무역상, 이민자, 관광객 등 외부인의 유입이 많아서 다양한 언어와 문화가 공존하기 쉬운 연안지역의 개방적 분위기는 창의성과 혁신을 촉진하며, 새로운 아이디어와 기업가 정신을 받아들이는 데 유리한 토양이 될 것이다.

　이런 이유로 바다는 과거에도 연안지역 문명 발달의 조건이었으며, 미래에도 그 발달을 지속하거나 가속하는 데 유리한 조건을 제공할 것이다. 그래서 아마도 지금 세계 여러 지역에서 긴장과 갈등이 유발되고 있는 배경에는, 이 바다에 자유롭게 접근하고 통제력을 행사하려고 하는 경쟁이 여전히 직간접적으로 작용하고 있는지도 모른다.

해양정책의
전환기

요즘 우리나라에서도 서핑이 인기를 얻고 있다. 최근 서핑을 배운 나 역시, 바다에 대한 인식이 넓어지는 계기가 됐다. 어려서는 튜브를 타고 제자리에 둥둥 떠 있는 것만으로 즐거웠고, 튜브를 벗어나 수영을 배우고는 좀 더 바닷가에서 행동반경이 넓어진 점이 만족스러웠다. 그런데 서핑을 배워보니 행동반경이 수영과는 차원이 달라지게 넓어지는 것을 체험하게 됐다.

　서핑보드에 올라 파도를 타면 순식간에 몇백 미터를 가르

고 나아간다. 그러다 보니 단 몇 초라도 더 파도를 타기 위해서는 점점 더 멀리까지 나가는 수고를 아무렇지 않게 생각하게 된다. 비록 서핑보드를 밀고 저어서 멀리 나가기까지는 힘들고 두렵지만, 멀리 나갈수록 더 재미있다. 또한 파도가 서핑보드를 밀어주면 힘을 거의 들이지 않고 멀리까지 단숨에 도달하게 되는 쾌감을 즐길 수 있다는 점에서 물놀이를 하는 즐거움이 이전과는 차원이 달라졌다. 멀리까지 나가는 게 부담이 없고 파도가 높아질수록 더 나가고 싶어진다.

서핑을 하다 불현듯 바다에 익숙해진다는 것이 이런 것이 아닐까 하는 생각이 들었다. 바다로 나가 그 바다의 힘을 이용하다 보면 더 이상 바다가 그냥 존재하는 대로 바라만 보지 않고 바다가 데려가는 곳으로 계속해서 나아가고 도전하는 정신이 샘솟는 것 아닐까 싶었다.

이런 관점은 국가의 해양정책에도 적용할 수 있을 것이다. 바다가 앞을 가로막는 거친 환경적 제약이라고 여기지 않고 적극적으로 활용하고자 하는 지역과 국가는 더 많은 기회를 발견하고 누릴 수 있었다. 배를 만들고 항구를 개발하고 항해와 조업의 기술을 발달시키는 활동은 자연 그대로를 받아들이지 않고 인간이 특별한 노력을 투입한 대가로 더 많은 기회를 가져다주었다.

다행히도 우리나라는 경제개발 초기부터 바다가 주는 이 기회를 인식하고 연안지역과 바다를 활용하는 데 전략적 투자를 해왔다. 그 결과 세계적인 허브 항만과 해운 능력, 세계 최강의 조선산업을 비롯한 통상국가로 일어설 수 있었다. 이 과정에서 우리나라는 바다와 관련한 국제질서에도 일찍이 눈을 떴다. 지정학적 위치상 우리나라가 독자적인 해상 패권을 도모할 수는 없다 하더라도 바다에 관한 한 국제사회의 논의에 적극적으로 참여하면서 분야별로 상당한 국제적 리더십을 인정받게 됐다.

선박 건조와 운항, 해양안전, 환경에 관한 국제법을 규율하는 국제해사기구(IMO), 어업에 관한 각종 기구, 해양 지명을 규율하는 국제수로기구(IHO) 등 다양한 조직과 회의 등에서 우리나라는 주도적인 역할을 하고 있다. 그런 활동을 하다 보니 앞서 소개한 '아워 오션 콘퍼런스'와 같은 국제회의에도 주기적으로 참여하며 해양에 대한 국제적 논의의 흐름을 읽고 제안할 수도 있게 됐다.

마침 기후변화와 해양변화가 심화되면서 종전의 해양질서만으로는 해양 이용이 지속 가능하지 않다는 공감대가 확산하고 있다. 이에 따라 국제사회는 심각한 해양변화 문제에 대응하기 위해 새로운 질서가 필요함을 절감하고 있다. 특히

2010년대 이후 해양 이용과 보전에 관한 다양한 규율을 강화하거나 새로 도입하려는 움직임이 부쩍 활발해지고 있다. 이러한 흐름에 맞추어 우리나라의 해양정책 역시 그 어느 때보다도 글로벌 트렌드에 적극적으로 대처해야 할 시점에 와 있다. 우리나라에는 국제사회 해양 분야에서 리더십을 유지하며 바다를 우리 국민 생활에 도움이 되도록 이끌어야 하는 숙제가 놓여 있다.

우리나라는 1996년 해양수산부를 창설하고 지난 30년간 종합적인 해양정책을 수립하여 추진해오는 동안 세계적으로도 드문 성과를 많이 창출했다. 육지와 연결된 바다를 아우르는 통합적 연안관리와 육상에서 발생한 쓰레기를 바다에 내다버리는 일 전면 금지, 자율관리어업으로 수산자원 고갈에 대응하고 양식 생산량을 폭발적으로 증대시킨 일 등은 전 세계 해양행정의 성공 사례로 평가된다.

수산, 해운, 관광 등 전통적인 해양 이용 패턴을 넘어 해상풍력을 비롯해 전 지구적으로 수중, 심해저에 대한 개발 압력이 크게 고조되는 시대에 접어들면서 새로운 해양정책 영역이 주목받고 있다. 해양환경에 대한 정밀한 모니터링과 영향평가 및 종합적인 해양공간계획(MSP, Marine Spatial Planning)이 중요하게 부각되면서 세계 여러 나라로부터 우리나라의 다양한 해양정책 경험과 노하우에 대한 관심도 아주 뜨겁다. 특히 우리나라는 개도국이 원하는 가장 다양하고 선진적인 경험을 풍부하게 보유하고 있다. 다시 말해 우리나라는 글로벌 오션 거버넌스를 구축하기 위해 여러 나라와 협력할 수 있는 풍부한 자산을 갖고 있다. 이러한 해양정책 자산을 태평양과 인도양 지역의 글로벌 네트워크를 구축하고 활용하는 데 사용할 수 있도록 우리나라가 적극적인 리더십을 발휘할 수 있게 되기를 소망한다.

유럽 대륙의 '1987년 대폭풍'에 대하여

당시 영국 기상청의 예보관이 '허리케인 수준의 폭풍은 오지 않을 것'이라고 언급했지만, 실제로는 1987년 10월 15~16일 영국 남부와 프랑스 북부 지역에 거대한 폭풍(Great Storm of 1987)이 덮쳐 20여 명이 사망하고 숲·건물 등에 막대한 피해가 발생했다. 이로 인해 기상청과 예보 체계가 크게 비판받았다.

기후변화에 따라서 기상이변이 자주 발생할 것이라고 하는데, 특히 바다와 접한 지역에서 급격한 날씨 변화 가능성이 높은 이유를 소개한다.

바다와 대기 간의 복잡한 상호작용

해양 표면온도의 변동

바다는 지표면(땅)보다 열용량이 훨씬 커서 낮과 밤의 온도차가 상대적으로 작다. 그러나 해류나 계절적 변화에 따라 해양의 표면온도가 급격히 바뀔 수 있고, 이는 해안지역 대기의 온도·습도·기압 분포에 큰 영향을 미친다. 이러한 해양 표면온도의 미세한 변동이 지역적 대기 불안정(해안 안개, 스콜 등)을 만들어내면서 예보 모델에 예측 변동성을 높이는 요인이 된다.

습도와 수증기의 불규칙한 유입

대기 중 수증기 양은 날씨 변화를 결정하는 핵심 요소 중 하나다. 바다에서 증발된 수증기가 해안지역으로 불규칙하게 유입되면서 강수 형태나 양상을 예측하기가 까다로워진다. 특히 따뜻하고 습한 공기가 유입될 때 작은 지형 변화나 해안선 배치, 바다와 육지의 온도차 등으로 인해 국지적 비나 안개, 뇌우가 갑작스레 발생할 가능성이 있다.

해안지역의 복잡한 기상 시스템

해륙풍(Sea/Land Breeze) 순환

낮에는 육지가 바다보다 빨리 데워져 해풍이 불고, 밤에는 반대로 해륙풍이 바뀌는 현상이 일어난다. 이 해륙풍 순환은 지상의 바람 패턴을 매우 국지적으로 바꾸며, 불안정한 대기를 형성하기도 한다.

지형 효과(Topographical Effect)

산악 지형이나 절벽 등이 해안을 따라 형성된 경우 바다에서 유입되는 습한 공기가 지형을 타고 상승하여 예측하기 어려운 강수나 구름 형성을 일으킨다. 바닷바람과 산악풍, 계곡풍이 복합적으로 충돌할 때 기상 패턴이 훨씬 복잡해진다.

태풍 및 열대성저기압 등의 직접적 영향

해안지역은 태풍 및 열대성저기압이나 해상저기압의 경로에 놓이기 쉬우며, 바다 위에서 에너지를 공급받는 저기압성 기상 현상이 급격하게 발달할 수 있다. 태풍이나 저기압의 경로·강도 예측은 대륙 내부의 안정적인 전선(前線) 예측보다 변수가 많아 불확실성이 커진다.

기상 관측망(Observation Network)의 특성

해역(海域) 관측의 어려움

대륙 내부에는 비교적 관측소(지상기상관측소, 레이더, 자동기상관측망 등)가 촘촘하게 깔려 있어, 국지적 기압과 온도, 바람을 세밀하게 모니터링하기 쉽다. 반면 해상은 기상 부표나 선박, 인공위성 관측에

의존해야 하며, 관측 지점 간 간격이 넓어 정밀도와 즉시성 면에서 한계가 있다. 관측 자료가 충분히 확보되지 않으면 수치 예보 모델이 초깃값을 제대로 파악하기 어렵고 예측 오차가 커진다.

해안 주변의 '경계 구역(Transition Zone)'
바다와 육지가 만나는 해안 부근은 수치 예보 모델의 해상도(Resolution)와 물리 방정식 처리에서 가장 까다로운 영역 중 하나로 꼽힌다. 예측 모델은 보통 해상과 육상을 별도의 파라미터로 다루는데, 해안 부근은 두 환경이 뒤섞여 '경계 레이어'가 형성되므로 오차 발생 확률이 올라간다.

대륙 중앙과 비교했을 때 더 높은 불확실성

대륙 내부 날씨의 상대적 예측 용이성
대륙 중앙부는 바다라는 거대한 열·수분 공급원이 멀리 떨어져 있고, 지형·바람 패턴이 비교적 단순하게 작용하는 경우가 많다. 물론 대륙 내부에도 산악 지형, 극단적 기단 충돌 등으로 난이도가 높은 상황이 있지만, 해상 변수만큼 변동성이 크지 않은 편이다.

바다와 육지의 기단 충돌이 빈번한 해안
해안지역은 해양 기단과 대륙 기단의 경계를 이루는 경우가 많아, 예측 모델에 포함해야 할 비선형(Non-linear) 변수가 늘어난다. 갑작스럽게 바뀌는 풍향, 수증기량, 온도 분포 등은 예보 모델에 오차를 일으키기 쉽다.

바다를 접하는 지역이 대륙 중앙 지역보다 일기 변화가 급격하고 예측이 더 어려운 이유는 해양 표면온도와 습도의 변화, 해륙풍과 복잡한 지형 효과, 태풍·저기압 등의 해상발 기상 현상, 해역 관측 인프라의 제한, 해안 부근의 경계 레이어 문제 등이 복합적으로 작용하기 때문이다.

Global
Gov

Ocean
ernance

CHAPTER 4

글로벌 오션 거버넌스

국제기구, NGO, 시민사회, 기업, 학계의 논의가 축적되면서 정부 간 구속력 있는 국제협약이 체결되거나 논의되는 일이 증가하고 있다. 해양문제는 한 국가가 해결할 수도 없고, 여러 나라와 전 세계에 그 영향을 미치기 때문에 국제협력과 국제규범을 중시할 수밖에 없다. 다양한 틀에서 논의가 축적되면서 2020년 이후 해양 관련 국제규범이 급속도로 진전되는 흐름이 관측된다.

바다를 이용하기 위한 인류의 노력과 도전이 지속돼온 만큼 바다에서 질서를 유지하기 위해 각국은 다양한 제도를 만들어왔다. 그리고 그 제도는 해양과 기후가 급격히 변화하고 기술과 함께 해양 이용 패턴이 발달함에 따라 더 많은 것을 반영하도록 변화를 요구받고 있다. 바다를 둘러싼 제도가 어떻게 발달해왔는지를 살펴보면, 앞으로 어떠한 질서가 형성될지를 가늠하는 데도 상당한 방향성을 제시할 수 있을 것이다.

 국제사회는 비교적 이른 시기부터 해양질서에 대해 활발하게 논의해왔다. 바다는 끊임없이 흐르고 움직이는 물로 채워져 있고 육지에 비해 감시와 관측에 한계가 있어서 바다와 관련한 이해관계는 광범위한 당사자와 연결되기 마련이다. 그 이해관계는 경쟁관계뿐만 아니라 공동의 이익을 추구하는 협력관계로 이어질 수도 있다. 이 때문에 국제 해양질서에 대한 공론의 장은 일찍부터 마련됐다.

지난 50여 년간 해양과 관련된 국제사회의 제도를 둘러싼 논의를 간략히 살펴보고 현재 진행되는 논의를 통해 앞으로 형성될 제도와 해양질서에 대해 전망해본다.

해양 거버넌스의 기틀 마련
_1960~1980년대

1958년 '유엔해양법회의(First UN Conference on the Law of the Sea)' 이후 국제사회에서 해양 관할권의 경계와 해양보호 등에 관한 구속력 있는 해양법 제정 논의가 시작됐다. 영해와 대륙붕의 범위 등에 대한 이견이 좁혀지지 않은 채 오랜 논의가 있었다. 그러다가 1970년대 들어 해양 이용과 자원에 대한 관심이 높아지면서 협상에 동력이 생겼다.

1972년 유엔인간환경회의(UN Conference on the Human Environment, 스톡홀름회의)에서 해양오염이 인류 환경문제의 한 축으로 등장했고, 국제해사기구(IMO)에서는 '해양투기에 의한 오염 방지를 위한 런던협약(London Convention)'을 제정했다. 나중에 이는 후속 협약인 '런던의정서(London Protocol)'로 보완, 강화됐다.

'런던의정서'는 1996년에 채택되어 2006년에 발효됐는데, 유류 유출과 해양 폐기물 투기 등으로 발생하는 일체의 해양오염을 예방하고 해양생태계를 보호하기 위한 국제규범을 한층 엄격하게 적용했다. 이에 따라 선박·해양구조물 유발 물질이나 준설토, 해양 처리 과정에서 발생하는 이산화탄소 등 특정 폐기물의 투기도 엄격한 허가 절차를 통해서만 가능해졌다.

1982년에는 1958년부터 시작된 논의가 결실을 맺어 비로소 '유엔해양법협약(UNCLOS, United Nations Convention on the Law of the Sea)'을 채택했다. 이 협약은 1982년에 채택되어 1994년에 발효된 해양 분야의 가장 포괄적인 국제조약으로, '바다의 헌법'이라고 불린다. 이 협약은 영해, 접속수역, 배타적경제수역, 대륙붕, 공해 등 해양을 여러 구역으로 구분하고 각 구역에서 연안국과 국제사회의 권리·의무를 명확히 규정함으로써 해양자원의 이용과 보존에 관한 전 지구적 기준을 마련했다.

배타적경제수역 200해리(약 370킬로미터) 이내에서 연안국이 어업·광물자원 등 경제활동 주권을 갖되, 다국 선박의 통

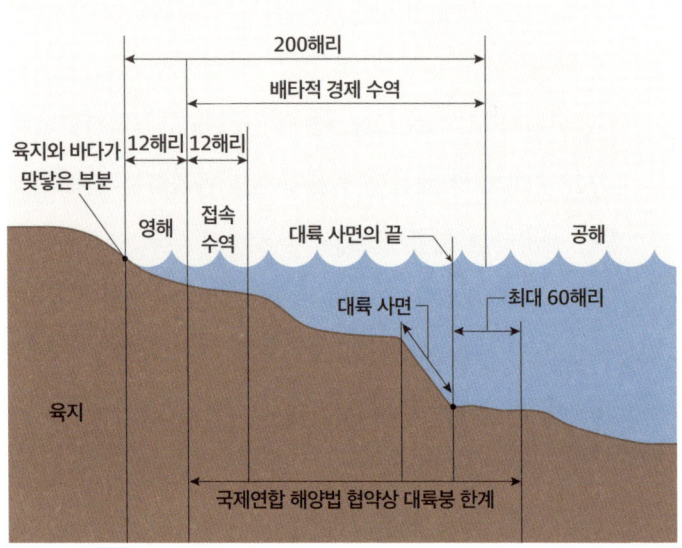

+ 유엔 해양법에 따른 해역 관할권 개념도. 해양교육포털

행권과도 균형을 유지하는 것을 골자로 한다. 또한 분쟁 발생 시 해결 원칙과 절차(국제해양법재판소, 중재재판 등)까지 제시해, 분쟁을 평화적으로 해결할 수 있는 제도적 틀을 제공한다. 특히 공해 심해저와 그 자원을 '인류 공동의 유산(Common Heritage of Mankind)'으로 명문화하고, 심해저 개발 등 해양자원 이용에 대해 선진국이 개발도상국에 기술 이전과 공동개발 등으로 이익을 공유하는 제도가 마련됐다.

지속가능발전과 해양 의제 결합
_1990~2000년대

1992년 유엔환경개발회의(UNCED, 리우회의)부터 '지속가능발전' 패러다임이 국제사회 전반으로 확산됐다. 특히 이때 '생물다양성협약(CBD, Convention on Biological Diversity)'이 채택됐다.

바다를 포함한 전 세계의 생물다양성을 인류 생존과 직결된 중요한 자산으로 인식하고 생물다양성을 보전하고 생물자원을 지속 가능하게 이용하며, 유전자원에서 발생하는 이익을 공정하고 공평하게 공유하는 것을 강조했다. 이 협약에 따라 보호지역 확대, 멸종위기종 관리, 생물자원 이용 시 기술 이전 및 재정 지원 등을 추진하고 있다. 이를 통해 선진국과 개도국 간의 협력을 촉진하는 것이 특징이다.

1995년에는 '유엔어업협정(UN Fish Stocks Agreement)'을 채택하여 공해상 어업자원 관리 문제에 국제사회가 대응하기 시작했다. 점차 해양문제를 '실천'과 '행동' 차원에서 접근해야 한다는 공감대가 형성됐다.

2002년 지속가능발전에 관한 세계정상회의(WSSD, 요하네스버그)에서 해양생태계 파괴와 해양자원 남획 등 긴급 과제에 대한 각국 정상의 관심이 높아졌고, 구체적인 실천계획(Call for

Action)이 논의되기 시작했다.

'해양행동' 용어의 태동과 국제 이니셔티브 확장
_2010년대 초중반

2012년 '리우+20(Rio+20)' 회의에서는 결과 문서인 〈우리가 원하는 미래(The Future We Want)〉에서 해양오염, 해양산성화, 해양쓰레기, 연안지역 파괴 등의 문제를 '즉각적으로 해결해야 할 과제'로 명시했다. 이 과정에서 일부 국제 NGO와 전문가 그룹에서 '해양행동(Ocean Action, Action for Oceans)'이라는 표현을 사용하기 시작했다.

2015년 유엔총회에서는 모든 회원국의 만장일치로 '지속가능발전목표(SDGs, Sustainable Development Goals)'를 채택했다. 2030년까지 달성해야 할 17개 목표와 169개 세부 목표로 '사람(빈곤·교육·보건), 지구(환경·기후), 번영(경제발전), 평화(분쟁해결·법치), 파트너십(국제협력)'을 균형 있게 발전시키는 것을 지향했다. 이 목표들은 단순히 경제적 성장만을 추구하기보다 인류와 지구가 오래도록 지속 가능한 발전 궤도를 유지하기

✦ 국제해양학위원회 (UNESCO-IOC) 주도로 추진하는 해양교육 이니셔티브 '오션 리터러시'. 'Ocean literacy is an understanding of the ocean's influence on you—and your influence on the ocean.'
출처: https://unesdoc.unesco.org/ark:/48223/pf0000260721/PDF/260721eng.pdf.multi Partnering for the implementation of Sustainable Development

위해 사회·환경·경제 측면을 종합적으로 고려하는 패러다임 전환으로 평가된다.

특히 17개 목표 중 SDGs 14(해양생태계 보전 및 지속 가능한 이용)는 해양보호와 직접적으로 연관되는데, 이후 유엔 및 각종 국제회의에서 해양 관련 논의와 '해양행동'이라는 표현이 크게 증가하기 시작했다.

같은 시기 미국 국무장관 존 케리는 해양문제를 논의하기 위해 각국 정부, 국제기구, 시민사회, 기업이 모두 모이는 '아워 오션 콘퍼런스'를 주창하여 2014년부터 매년 개최하고 있다. 해양보호구역, 해양쓰레기 감축, 지속 가능 어업, 해양과 기후변화와 관련한 행동 등을 중점 추구했다.

이러한 회의를 거듭하며 각 참가자의 공약을 발표했는데, '해양행동을 요구한다(Call for Ocean Action)'라는 슬로건이 점차 자주 쓰이며 국제사회의 행동 약속을 구체화하는 사례가 늘어나게 됐다.

글로벌 어젠다로서 '해양행동' 확립
_2016년 이후

2017년부터 유엔 차원에서 해양총회(Ocean Conference)를 3년마다 개최하기로 했다. 공식 명칭은 '우리 바다, 우리 미래: 지속가능발전목표(SDGs) 14 실천을 위한 협력(Our oceans, our future: partnering for the implementation of Sustainable Development Goal 14)'이다. 유엔이 주관하여 지속가능발전목표 14 '해양생태계 보전 및 지속 가능한 이용' 이행을 가속화하는 데 초점을 맞추고 있다.

해양총회는 2017년 미국 뉴욕 유엔 본부에서 처음 열렸으며, 제2회는 2020년 코로나 팬데믹으로 연기됐다가 2022년 포르투갈 리스본에서 개최됐고, 2025년 프랑스 니스에서 제3회 총회가 개최될 예정이다. 아울러 우리나라는 2028년 제4회 총회를 유치하기 위해 공식적으로 표명한 상태다.

회원국 정부를 중심으로 다양한 이해관계의 시민사회·기업·학계 등이 한자리에 모여 해양쓰레기 문제, 해양보호구역(MPA) 확대, 불법조업(IUU) 규제, 해양과학연구 협력 등에 대해 논의한다. '아워 오션 콘퍼런스'와 유사하게 각국 정부와 단체는 회의에서 자발적 공약을 발표한다.

특히 '유엔해양총회' 공식 홈페이지와 '해양행동허브(Ocean Action Hub, https://oceanactionhub.org)' 등을 통해 제출된 수백 건의 공약을 공유하고, 실행 상황을 주기적으로 점검한다. 해양에서 발생하는 문제가 어느 한 국가만의 힘으로 해결하기 어렵다는 점에 공감하며, 유엔해양총회는 각국의 해양정책, 프로그램을 공유하고, 글로벌 파트너십 강화와 행동 촉진을 핵심 목적으로 지속적으로 발전하고 있다.

'해양행동을 요구한다'는 표현이 공식 문서와 선언문에서 사용됐고, 해양쓰레기, 산호초 보호, 기후변화 대응 등 구체적 의제별로 수백 건의 자발적 공약이 유엔해양행동허브에 게재

되어 있다.

또한 같은 시기에 글로벌 기업 등 민간이 주도하는 강력한 해양행동 흐름이 있는데, '해양행동의 친구들(Friends of Ocean Action)'이 바로 그것이다. 세계경제포럼(WEF)이 해양보호와 지속 가능한 해양경제 추진을 위해 2018년에 출범한 글로벌 이니셔티브다.

글로벌 기업인 세일즈포스(Salesforce)의 최고경영자 마크 배니오프(Marc Benioff)의 후원과 당시 유엔 사무총장의 해양특사(피터 톰슨Peter Thomson 등) 그리고 스웨덴 부총리 등을 비롯한 국제사회의 해양 전문가가 주축이 되어 해양쓰레기 저감, 불법조업 근절, 해양보호구역 확대, 해양기후변화 대응 등 다양한 의제에 대한 실질적 해법을 모색하기 위한 협력체로 출범했다. '해양행동의 친구들'은 공식 웹사이트나 세계경제포럼의 연례회의(다보스포럼) 등에서 정기적으로 활동 상황을 공유하고, 참여자 간의 네트워킹 기회를 마련해 글로벌 행동을 가속화하고 있다.

특히 세계경제포럼의 영향력과 네트워크를 적극 활용해 정부, 기업, 시민사회, 학계 등 다양한 이해관계자를 결집시키며, 보다 실용적인 해양문제의 해결책을 마련하는 데 주력하고 있다. 구체적으로는 해양자원 관리·복원 관련 기술 및 재정 지원, 정책 자문, 캠페인 등을 추진하며 '블루 이코노미(Blue Economy)' 활성화를 추구한다.

이에 앞서 영국의 경제 전문지 《이코노미스트(The Economist)》를 발행하고 있는 이코노미스트 그룹은 2012년부터 '세계해양정상회의(World Ocean Summit)'를 개최해왔다. 해양환경 문제와 블루 이코노미를 결합해 해양보전과 지속 가능한 경제발전을 동시에 달성할 방안을 모색한다.

이코노미스트 그룹은 해양이 인류의 미래 경제에 핵심적이면서도 심각한 환경위기에 직면해 있다는 점에 주목해, 언론사로서의 영향력과 네트워크를 활용하여 각 분야의 리더가 실질적 해양행동을 추진하도록 독려한다. 세계해양정상회의에서는 매년 행사 주제를 달리하며 해양 분야의 최신 과학기술 동향, 기업의 ESG(환경·사회·지배 구조) 전략, 정책 과제 등 폭넓은 주제를 다루고, 세션 결과를 보고서나 기사 형태로 발행해 전 세계에 알림으로써 해양보호 담론을 확산시키고 있다.

해양행동의 확산
_2020년대

이러한 공감대가 확산되면서 2020년대에는 보다 구체적인 활동이 펼쳐지고 있다. 2021년부터 2030년까지 '유엔 해양과학 10년(United Nations Decade of Ocean Science for Sustainable Development, 2021~2030)'이 추진되고 있다.

유네스코(UNESCO) 산하 정부간해양학위원회(IOC)의 제안에 따라 유엔 총회가 2021년부터 2030년까지 해양문제 해결을 위한 체계적·장기적 연구와 혁신을 촉진하기로 결정한 것이다. 기후변화, 해양산성화, 해양오염, 남획, 해양생물다양성 감소 등 복합적인 해양위기가 전 세계적으로 대두되는 가운데 '과학에 기반한 의사결정과 기술혁신 없이는 해양생태계 보전이 어렵다'는 국제사회의 공감대가 커진 결과다. 해양에서 얻는 다양한 경제적·사회적 가치를 후대까지 이어 나가기 위해서는 대규모 국제협력을 통한 과학적 데이터 축적과 연구 성과의 공유가 필수적이라는 인식이 확산됐다.

그리하여 '유엔 해양과학 10년'은 각국 정부, 연구기관, 민간기업, 시민사회를 함께 참여케 하여 해양 모니터링·데이터 수집, 해양기술 개발 및 인식 제고, 해양교육 등을 종합적으로

‘유엔 해양과학 10년’ 홈페이지. ‘우리가 원하는 바다를 위해 필요한 과학’ 이라는 메시지가 선명하다
출처: https://oceandecade.org

진행하고, 해양 거버넌스 개선과 블루 이코노미 육성을 추진하고 있다.

2021년 영국 글래스고에서 열린 유엔기후변화협약당사국회의(COP26)에서는 '해양행동의 날(Ocean Action Day)'이 처음 개최됐다. 기후변화와 해양 간의 상호연관성을 강조하고, 해양 분야에서 구체적인 기후행동을 추진하기 위해 영국이 주도적으로 기획했다.

기후변화가 바다에 미치는 영향(해수면 상승, 산성화, 해양생물다양성 감소 등)과 해양이 지닌 탄소 흡수원 기능(블루 카본, 맹그로브숲·해초 등의 역할)을 효과적으로 살리려면 국제사회의 긴밀한 협력이 필요함을 공식화했다. 이후 기후변화당사국회의가 열릴 때마다 매년 각국 정부와 NGO, 연구기관, 기업이 모여 해양 중심의 기후 대응 정책과 지속 가능한 해양경제(블루 이코노미) 구축 방안을 공유하며, 자발적 공약이나 재정·기술 협력 프로젝트를 발표한다.

이를 통해 해양보호구역 확대, 어업·해운 부문의 탄소 배출량 감축, 해양생태 복원 등이 기후변화당사국 논의 테이블에서 더 큰 관심을 받도록 유도하고, 기후변화 대응과 해양환경 보전을 통합적으로 추진하려는 움직임을 전 세계적으로 확산시키고 있다.

글로벌 오션 거버넌스의 물결

국제기구, NGO, 시민사회, 기업, 학계의 논의가 축적되면서

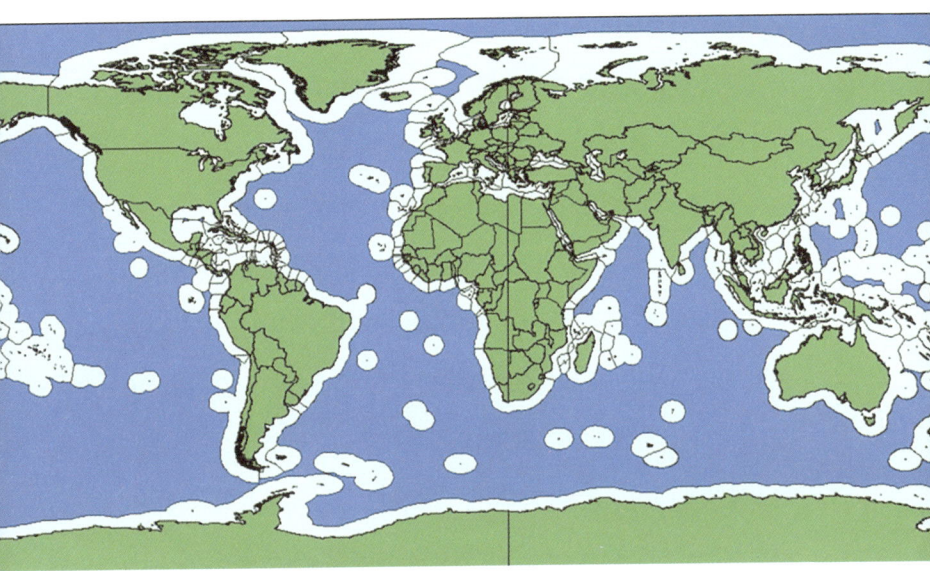

✤ 전 세계 공해를 파란색으로 표현한 지도. 지구 표면적의 40%가 어느 나라의 관할권도 미치지 않는 관리 밖의 상태에 있다

출처: https://www.unep.org/cep/news/blogpost/bbnj-common-heritage-mankind

정부 간 구속력 있는 국제협약이 체결되거나 논의되는 일이 증가하고 있다. 해양문제는 한 국가가 해결할 수도 없고, 여러 나라와 전 세계에 그 영향을 미치기 때문에 국제협력과 국제규범을 중시할 수밖에 없다. 다양한 형태의 논의가 축적되면서 2020년 이후 해양 관련 국제규범이 급속도로 진전되는 흐름이 관측된다.

2023년에는 유엔 주도로 오랜 기간 진행되어왔던 역사적 협약인 BBNJ(Biodiversity Beyond National Jurisdiction)가 공식 채택됐다. '공해생물다양성협약' 또는 '하이시스(High Seas)조약'이라고도 하는데, 기존의 유엔해양법협약에서 '인류 공동의 유산'으로 선언한 이후 더 구체적으로 다루지 못했던 공해상의 자원 보호·관리 규정을 보완하고, 특히 해양유전자원 이용에서 발생하는 이익을 어떻게 공정하게 공유할지, 광범위한 해양보호구역을 어떻게 지정·운영할지 등을 핵심 의제로 삼았다.

국가 관할권 밖, 즉 공해나 심해저 같은 해양구역의 생물다양성 보전 및 지속 가능한 이용을 다루는 새로운 국제협약으로, 해당 조약이 발효되면 전 지구적 차원에서 공해생태계를 체계적으로 보호하고 미래 세대까지 해양자원을 지속 가능하게 이용하기 위한 법·제도적 틀이 한층 강화될 것으로 기대된다.

그뿐 아니라 2023년에는 국제해사기구(IMO)가 'IMO 2023 온실가스(GHG) 배출 저감 전략(Revised IMO GHG Strategy)'을 채택했다. 2050년 탄소중립(실질적 순배출량 제로)을 달성하겠다는 목표 아래, 2030년과 2040년에도 중간 단계의 목표를 설정하고 구체적인 감축 경로를 제시한 것이다.

이 전략은 2018년에 채택된 기존의 IMO 초기 온실가스 전략을 대폭 강화한 것으로, 앞으로 해운업계가 대체연료·배터리·수소·암모니아 연료 추진 등 친환경 선박을 도입하고, 운항 효율 개선, 에너지 절약 기술 등을 적용하도록 유도하기 위한 것이다. 각 회원국은 이행 과정을 투명하게 모니터링하고 보고해야 하며, 더 엄격한 환경규제(예를 들어 EEXI 및 CII와 같은 선박 연료 효율과 탄소집중도를 나타내는 지표)도 단계적으로 도입할 예정이다. 이를 통해 글로벌 무역 물동량의 약 80%를 담당하는 국제해운이 온실가스 감축에 본격적으로 기여하도록 함으로써 파리기후변화협약 목표와 맞물린 기후위기 대응을 한층 가속화하는 전환점이 될 것으로 기대를 모으고 있다.

최근 뜨거운 관심을 불러일으키는 플라스틱협약이 진행 중이다. 전 지구적으로 심각해지는 플라스틱오염 문제를 해결하기 위해 마련되고 있는 새로운 국제협약으로, 흔히 '글로벌 플라스틱 조약(Global Plastics Treaty)'이라고도 한다. 2022년 3월 유엔환경총회(UNEA)에서 2024년까지 법적 구속력이 있는 '플라스틱오염방지협약'을 제정하기 위해 본격적인 정부 간 협상을 하도록 결의했다. 비록 당초 계획대로 2024년 말 최종 라운드(11월 말 부산에서 개최)까지 시한 내에 합의에는 이르지 못했지만, 앞으로도 협상을 계속 진행하기로 했다.

최초 해양플라스틱 문제 해결을 위한 국제적 공감대에서

시작된 협약의 범위는 단순히 폐플라스틱 수거와 처리를 넘어, 플라스틱 생산·유통·소비 전 과정을 종합적으로 규제하는 데까지 확장됐다. 플라스틱 재활용·재사용 체계를 확립하여 해양·육상 어디에서도 플라스틱이 누출되지 않도록 주력하고 있다. 협약 문안이 최종 마련되면 참여 국가들은 플라스틱 감축 목표를 설정하고, 기업과 시민사회가 함께 협력해 플라스틱 사용량과 오염을 획기적으로 줄이기 위한 제도·기술적 방안을 도입해야 한다. 이는 앞으로 해양환경 보호, 기후변화 대응, 자원순환사회 구축 등 다양한 지속가능성 이슈와도 밀접하게 연계될 것으로 기대된다.

이렇게 보면 가히 '글로벌 오션 거버넌스'는 큰 물결을 이루고 있다고 봐야 한다. 일각에서 일어나는 일이 아니라 전 세계, 광범위한 산업과 우리 일상생활을 덮치는 큰 트렌드가 아닌가 생각한다.

New Gov
Paradig

CHAPTER 5

새로운 거버넌스
패러다임

초연결된 글로벌 네트워크 사회에서 진정성 있는 주체와 아이디어가 조합된다면, 사업의 규모를 키우고 필요한 재원이나 기술을 동원하는 데 제약이 없어진 것이라고 볼 수도 있지 않을까? 민간 비즈니스에서 창업 아이디어를 가지고 글로벌 비즈니스로 키워내듯이, 이러한 소셜 비즈니스에서도 더 많은 해양행동 창업가가 이전에는 상상할 수 없었던 일에 도전해볼 수 있을 것이라고 믿는다.

전 지구적으로 기후변화와 함께 해양변화의 심각성에 대해서 공감대가 커져가는 큰 흐름과 더불어 묵직하게 다가오는 또 하나의 큰 변화를 소개한다. 해양행동이 확산되는 트렌드를 소개하면서 지금까지는 해양의 지속가능성이라는 테마 중심으로 접근했다면, 이제는 이런 테마를 주도하는 세력, 즉 누가 이런 행동을 만들어 가는지에 주목하려는 것이다. 정보통신기술 보편화, 특히 모바일 시대 이후 세계가 초연결화되면서 글로벌 거버넌스에서 이전과는 사뭇 다른 세력으로 행동의 무게중심이 옮겨가고 있는 것이 아닌가 생각한다. 거대 글로벌 기업들이 AI와 로봇과 같은 혁신 기술로 우리 실생활에 깊이 스며들고 있는 것을 보면서, 미래에는 민간 부문의 투자와 참여가 훨씬 더 큰 영향력을 발휘할 것으로 생각하게 된다.

선도자동맹

워싱턴 주재 한국대사관에서는 놀랄 만큼 다양한 경험을 할 수 있었다. 특히 한국대사관의 참사관 자격은 워싱턴에서 개최되는 수많은 리셉션과 행사에 초대받거나 거의 문턱 없이 초청을 요구할 수도 있게 해주었다. 워싱턴 주재 다른 나라 대사관이 주최하는 리셉션이나 워싱턴 주재 싱크탱크 또는 단체가 주관하는 많은 세미나가 그런 경우였다.

이런 자리에서 내가 맡은 업무상 해운, 항만, 수산, 해양환경 등과 관련한 논의에 참여하다 보면 참석자의 주된 공통 관심사는 지속가능성, 탄소중립, 재생에너지 등으로 흘렀다. 그러한 일련의 세미나 가운데 한국 공무원의 시각에서 굉장히 충격적인 아이디어가 하나 있었다. 나는 이것이 앞으로 글로벌 거버넌스의 무시할 수 없는 방식이 될 것이라는 직감이 들었다.

2022년 노르웨이대사관 주최 세미나에서 미국 국무부 관리의 발표 중에 '선도자동맹(First Mover Coalition)'을 처음 접하게 됐다. 미국 국무부가 파리기후변화협약의 성과를 진전시키기 위해 최근 역점을 두고 추진하는 이니셔티브라고 했다. 정부 주도로 탄소 배출을 규제하거나 보조금을 주는 방식에만 의존해서는 목표를 달성하기에 요원하다는 문제의식 아래 혁신적인 접근법을 제시한다고 했다.

'선도자동맹'은 2021년 영국 글래스고에서 열린 제26차 유엔기후변화협약 당사국총회에서 미국 정부와 세계경제포럼이 공동 주창했다. 전 지구적으로 주요 물자를 구매하는 대기업이 앞장서서 탄소중립 기술과 제품에 대한 '초기 수요(First Demand)'를 창출하는 방식으로 산업계의 탄소 감축 기술혁신을 앞당기자는 목적을 제시한 것이다. 화석연료 중심의 전통산업 구조를 빠르게 전환하기 위해 여러 글로벌 대기업이 자발적으로 참여하여 2030년까지 '탄소중립 또는 저탄소 제품·서비스'를 일정 비율 이상 구매·사용하겠다는 약속을 공식화하는 것이었다. 이는 시장에 안정적 수요 신호를 주어 자생적인 기술 개발과 투자 확대를 유도하고, 장기적으로 해당 부문의 비용 경쟁력과 따라서 시장 점유율, 보급률을 높이려는 전략이다. 즉 궁극적으로는 탄소 절감 기술을 싼 가격에 공급되게 하는 것이 가장 확실한 전략이라는 사고를 반영한 것이다.

이 동맹은 특히 철강, 알루미늄, 시멘트, 화학, 해운, 항공, 트럭 운송 등 탄소 배출량이 큰 산업 분야의 수요를 창출하는 것을 중심으로 한다. 참여 기업은 이러한 산업의 수요자로서 해당 분야에서 생산·공급되는 저탄소 솔루션(친환경 연료, 재생에너지 기반 제조 공정, 탄소 포집 기술 등)을 대규모로 도입하겠다는 목표를 설정하고, 각자의 밸류체인 전반을 개선하겠다는 계획을 내놓는 것이다. 이 과정에서 정부와 산업계, 투자자, 기술 스타트업이 협력하여 기술·정책적 장벽을 해소하고, 적절한 인센티브를 마련해 혁신을 가속화할 수 있다는 아이디어다.

이후 선도자동맹은 단순한 선언에 그치지 않고, 해마다 참가 기업을 추가하며 이행 상황을 점검하고 우수 사례를 공유함으로써 '수요 주도형 혁신' 모델을 전 세계로 확산시키려 하고 있다. 예컨대 각 기업이 2030년까지 구매할 저탄소 제품·서비스의 구체적 목표치를 수립하고, 이를 바탕으로 협력사 및 중소기업과의 파트너십도 적극 장려한다. 궁극적으로는 시장 전반에서 친환경 기술의 상용화 속도를 높이고, 더 많은 기업과 국가가 탄소중립을 위한 실효적 행동에 나서도록 견인하는 것이 이 동맹의 핵심 가치다. 그 결과, 2021년 25개사가 참여한 동맹에 이제는 약 100개의 글로벌 기업이 동참하고 있다고 한다.

내게는 정부 규제나 보조금만으로 전 지구적 탄소 배출 감축 등이 획기적으로 이루어질지에 대해 의구심이 있었다.

그러던 차에 진정한 변화는 민간기업의 수요와 이에 따른 기술혁신을 유도함으로써 가능하다는 것이 참 미국적인 사고방식이라고 생각했다. 창의적 접근 방식이긴 한데 과연 그게 기업의 진심일까, 친환경의 이미지를 돈으로 사려는 것은 아닌가 하는 의구심은 여전히 있었다.

그러나 대사관에서 다양한 접촉 기회를 가지면서 내 생각은 많이 바뀌었다. 세계 최고의 경쟁력을 가진 덴마크의 해운 기업, 블록 장난감 업체, 세계 최대 유통 업체, 또 이탈리아의 초콜릿 업체 등 다국적 기업을 각종 세미나에서 만나 그들의 친환경, 지속가능성에 대한 전략을 들었을 때, 대외적으로 보여주기만을 위한 메시지가 아니라 실제로 투자와 의사결정의 확고한 기준으로 내재화하고 있다는 것을 발견하게 됐다.

개별 기업의 해당 임원에게 동의를 얻기 여의치 않은 관계로 기업 이름을 직접 쓰지는 않겠지만, 내가 기억하는 몇 가지 메시지를 남겨둔다. "CEO에게 직보하는 이슈 세 가지가 있는데, 하나는 인수합병 건이고, 다른 하나는 법률 소송 문제 그리고 나머지 하나는 ESG"라고 내게 설명해준 미국법인장이 있었다. 그리고 또 다른 기업의 미국법인 대표로부터 "플라스틱 소재를 완전히 대체할 방법은 없는지 연구개발 중"이라거나 2050년까지 "화석연료를 전혀 사용하지 않는 방안을 마련했다"라는 등의 확신에 찬 설명을 직접 들으며 그들의 진심을 느낄 수 있었다.

이런 경험을 통해 현재 글로벌 기업이 대외에 발표하는 지속가능성, ESG에 관한 메시지가 결코 과장이 아니라는 것을 알게 됐다. 글로벌 기업이 지속가능성을 위해 기술혁신에 투자하는 것은 경쟁 기업과의 차별화 전략으로 활용된다는 것을 깨닫게 됐다. 실제 그러한 일부 기업에서는 정부 규제가 요구하는 수준보다 훨씬 높은 자체 기준을 목표로 설정하고 투자를 진행하는 사례도 있었다. 아마도 경쟁 기업에게 "따라올 테면 따라와 봐"라고 하는 초격차 전략을 추구하는 것 같았다.

이미 글로벌 대기업의 매출액은 웬만한 국가들의 GDP를 넘어섰다. 그들의 기술개발이나 신규 사업 등에 투자하는 규모 역시 웬만한 개별 국가의 정부가 예산을 활용해서 지원하는 연구개발이나 보조금 등의 규모에 비해 결코 작지 않다. 오히려 정치적 분배와 형평에 따라 규모와 지속성에 한계가 있는 정부 예산에 비해 선택과 집중을 통해 혁신적인 결과를 달성하는 데는 기업의 전략적인 투자가 더 효과적일 수도 있겠다. 또한 기업의 전략적인 투자는 정치적 임기에 따른 불확실성에서도 비교적 자유로워 장기적인 투자에 더 의미 있는 성과를 남길는지도 모르겠다.

물론 기업의 자발적 혁신에만 맡겨버리자는 것이 아니다. 다만 기업의 기술 투자와 혁신 전략이 정부 정책과 예산에 과도하게 의존하지 않는 경우 오히려 지속 가능하고 혁신적인 변화를 도모하기 위해 매우 중요하고 효과적인 보완 방안 또는 대안도 될 수 있다는 말이다. 이미 많은 기업이 자사의 경쟁 전략에 지속가능성과 사회적 책임을 반영하고 있기 때문에 정치적 여건이 변화해도 지속가능성에 대한 국제사회의 흐름이 기본적으로는 유지될 것이라고 기대한다.

해양 분야의 IPCC

2000년대 중후반 본격화된 기후행동(Climate Action)이 전 세계적 행정과 비즈니스의 표준으로 자리 잡게 된 데는 많은 요인이 있겠지만, '기후변화에 관한 정부 간 패널(IPCC)'의 기여가 대단히 컸지 않았나 생각한다. 애초 기후변화는 일반인에게 생소하고 이해하기 쉽지 않으며 또한 학술적으로도 수많은 연구자의 다양한 데이터와 해석이 공존하고 있어 일목요연한 설명이 쉽지 않은 매우 난해한 주제였다. 이처럼 스펙트럼이 너무나 광범위한 주제를 평범한 시민도 이해할 수 있게 설명을 제공하고, 정책결정자가 대안을 논의할 수 있도록 가이드를 제시하는 것이 절실했다. 이러한 필요를 채우기 위해 IPCC는 수많은 기후, 해양 연구자의 다양한 논의를 종합한 보고서를 발표하는 것을 임무로 했다.

2007년 IPCC 보고서가 발표된 이후 10년이 지나지 않아서 전 세계 국가들이 2100년까지 지구 평균기온 상승을 섭씨 1.5도로 억제하기 위해 단계적 계획을 수립하기로 합의하게 된 것은 기적과 같다. 이를 위해 많은 주체가 노력해온 일은 더 말할 나위 없지만, 전문가 집단 IPCC를 통해 과학을 바탕으로 한 정교한 대중 소통 채널을 정립한 것은 매우 효과적인 방법이었다.

이러한 성공 사례를 함께 활동하며 경험해온 해양행동 진영에서도 해양 분야의 IPCC를 창설하자는 논의가 진행되고 있다. IPOS(International Platform for Ocean Sustainability)를 구성하려는 구상은 IPCC처럼 전 지구적 차원에서 해양문제를 체계적으로 평가하고 과학적 근거를 바탕으로 권고안을 제시할 전문가 협의체가 필요하다는 요구에서 비롯됐다.

기후위기와 해양오염, 생물다양성 감소 등 복합적 해양

문제를 종합적으로 분석할 독립적이고 권위 있는 국제기구가 존재한다면, 각국 정부와 정책결정자가 보다 신뢰할 만한 과학 정보를 바탕으로 해양행동을 가속화할 수 있다는 취지에서다.

이러한 움직임은 해양학계, 국제기구, 시민사회 등에서 꾸준히 제기되어왔으며, 특히 해양 분야에서 '세계해양평가(World Ocean Assessment)'나 '유엔 오션디케이드(UN Ocean Decade) 전문가 그룹' 등 개별 평가·협의체가 운영되고 있음에도 여전히 해양정책 전반을 총괄하고 과학적 합의를 이끌어낼 단일 창구가 부족하다는 인식이 배경에 깔려 있다.

'해양 IPCC'가 공식 출범한다면 해양생태계·해양기상·심해저 등 광범위한 해양 연구 결과를 종합한 주기적 평가보고서(Assessment Report)를 발간하고, 이해관계자(정부·민간·시민사회)의 의견을 반영해 글로벌 표준과 정책 권고를 제시하며, '지속 가능한 해양'을 위한 과학기술 혁신과 국제협력을 촉진하는 중추 역할을 맡게 될 전망이다.

다만 아직까지 이 구상은 공식적인 단일 기구의 형태로 완성되지 않았고, 여러 국제 전문가 그룹·국가·NGO가 가능한 제도적 틀, 운영 방식, 권한 범위 등을 논의하고 있는 단계다. 예컨대 해양문제를 기존의 IPCC나 유엔 생물다양성과

학기구 산하 정부 간 과학정책 플랫폼(IPBES, Intergovernmental Science-Policy Platform on Biodiversity and Ecosystem Services)처럼 다룰지, 또 다른 형태의 전담 패널을 만들지에 대한 의견이 다양하게 나오고 있다.

결국 이 '해양 분야의 IPCC'를 실제로 출범시키려면 유엔 차원의 결의와 주요 해양국 및 국제기구의 재정·정치적 지지 그리고 해양학계·시민사회의 폭넓은 참여가 필수적인데, 2025년에 프랑스 니스에서 개최되는 제3차 유엔해양총회에서 논의를 공식화하려는 움직임이 있다.

만일 제3차 유엔해양총회에서 공식화가 된다면, 2028년 우리나라에서 개최될 제4차 유엔해양총회에서 공식 발족을 하거나 최초 보고서를 발간한다면 얼마나 의미가 있을까 하는 바람을 가져본다. 아무튼 이러한 논의가 진행되고 있고 유엔 내부에서도 반대 분위기는 없는 것으로 보인다고 하니 구성은 시간문제이리라 생각한다. 이렇게 해양 IPCC까지 본격적으로 활동한다면, 해양행동은 정말 거스를 수 없는 파도를 타게 되지 않을까.

혁신적인 해양행동의 사례

이런 다양한 문제 제기와 논의에서만 그치지 않고 또 기후행동과 구분되고 눈에 띄는 해양행동의 사례는 없을까. 마침 지난 몇 년간 해양문제에 대한 접근 방식에 고정 관념을 깨는 혁신적인 몇 가지 모델이 있다. 특히 이런 사례를 잘 관찰하면 앞으로 효과를 거둘 해양행동의 방향성을 가늠해볼 수 있을 것이다.

사례 1 오션클린업, 스무 살 청년이 태산을 옮기다

다음의 사진은 무엇을 하는 장면일까? 고기 잡는 장면 같지는 않은가. 무언가 잡는 장면이 맞다. 그런데 물고기가 아니라 쓰레기를 잡고 있다. 물고기를 잡는 것과 차이 나는 점이 무엇인지 짚어보면 이 작업의 의미를 더 크게 느낄 수 있다.

만일 물고기를 잡는 그물이라면 이렇게 수면에 둥둥 떠 있는 모습은 아닐 것이다. 물고기를 잡는 그물도 위치를 알 수 있을 정도로 점점이 떠 있는 부표는 보이지만 그물 전체가 수면에 닿아 있는 경우는 없다. 물위를 쓸어가지고 잡을 수 있는

+ 오션클린업
출처: https://theoceancleanup.com

물고기가 있겠는가. 이 그물은 바다에 떠 있는 플라스틱쓰레기를 건지기 위한 것이다.

    이 그물을 끄는 두 척의 선박은 얼마만큼의 속도로 움직이고 있을까? 시속 1.5노트, 시속 약 3킬로미터로 움직인다. 천천히 걸어 다니는 속도다. 어떤 물고기를 우리가 천천히 걷는 속도로 잡을 수 있겠는가. 일부러 물고기가 잡히지 않도록 천천히 움직이는 것이다. 혹시라도 이 작업을 통해서 뜻하지 않게 물고기가 잡히는 일은 방지하면서 쓰레기만 그물에 걸리도록 최적의 속도를 찾아내 운항하는 것이다.

이 그물의 크기는 얼마만 할까? 직경이 3킬로미터 정도에 달한다. 한 번의 운항으로 최대한 많은 양의 쓰레기를 수거할 수 있도록 여러 차례 테스트를 거쳐 점차 키워온 것이다.

이렇게 최적화한 모델로 캘리포니아 앞바다 태평양상의 쓰레기더미(GPGP, Great Pacific Garbage Patch)를 본격적으로 치우기 시작한 것이 1년 정도 됐다. 이들의 계산으로 지금 속도로 작업을 지속한다면 2040년까지 이 태평양상 쓰레기의 90%를 제거할 수 있다.

이 태산을 옮기는 것 같은 담대한 사업은 2013년 설립된 비영리기업 오션클린업(The Ocean Cleanup)이 추진하고 있다. 더 놀라운 것은 창업자가 30세가 갓 넘은 네덜란드 출신 청년 보얀 슬랏(Boyan Slat)이라는 점이다. 그는 20세 때 이 비영리기업을 창업하여 지금까지 이끌고 있다. 이 기업의 이야기가 정말 놀랍다.

다이빙을 좋아하던 보얀은 16세 때 그리스의 바다 속을 유영하다가 청정한 바다 속 여기저기에 플라스틱쓰레기가 떠있는 것을 보고 마음이 아팠다. 이후에도 그 마음이 계속 남아

고등학교 숙제로 해양 플라스틱쓰레기를 청소하는 아이디어를 제출했다.

대학에 진학해 항공공학을 전공하게 됐지만, 해양 플라스틱쓰레기 문제가 계속 마음에 걸려서 전공을 바꾸고, 크라우드 펀딩으로 자금을 모집하여 오션클린업을 창업했다. 초창기 아이디어에서 많은 수정과 업그레이드를 거쳐 현재는 태평양과 전 세계 여러 현장에서 엄청난 양의 플라스틱쓰레기를 치우고 있다.

앞으로 해양행동 모델을 구상할 때 오션클린업의 사례에서 강조하고 싶은 점이 세 가지 있다. 첫째는 세계인의 마음을 움직일 크고 대담한 꿈을 품고 집요하게 생각을 밀고 나간 것이다. 보얀 슬랏은 10대 청소년으로서 일부 지역 바닷가로 생각을 제한하지 않고, 전 세계 바다의 플라스틱쓰레기를 없애겠다는 꿈을 품었다. 그리고 그 담대한 목표에 걸맞은 스케일로 실천을 제안한 것이 세계인의 마음을 감동시켜 가치 있는 일에 동참하도록 이끌었다.

둘째로 소통 역량이 매우 훌륭했다. 보얀 슬랏은 10여 년 전에 TED를 통해서 대양의 플라스틱쓰레기를 치우는 계획을 발표했는데, 강연 능력이 대단했고 설득력이 있었다. 어떤 전문적인 소통 기술보다도 진정성 있게 전달하는 능력이 남달

랐다. 그런 진정성이 10년 전 수천만 달러의 모금을 가능하게 하지 않았나 싶다. 이후 오션클린업은 유튜브와 SNS 등 다양한 커뮤니케이션 방식을 통해 아주 수준 높은 영상, 콘텐츠로 계속 대중의 관심을 모으고 있다.

셋째로 기술력을 중시했다. 누구라도 바다에 그 막대한 쓰레기가 떠다닌다는 것을 알고 나서는 그걸 치워야겠다고 생각은 해보았을 것이다. 그리고 실제로 바닷가에서 그런 활동에 참여해본 사람도 대단히 많을 것이다. 그러나 망망대해에 흩어져 떠다니는 쓰레기를 비용효율적인 방식을 고안해서 실행하는 데는 풀어야 할 장애물이 많았다. 보얀 슬랏은 공학도답게 대양의 대규모 쓰레기 수거 시스템을 고안하고 튜닝하는 데 몇 년을 투자했다. 위성정보, 항공 촬영 등을 비롯해 해양학자들과 협력하여 바닷속에서 플라스틱의 이동 패턴을 연구하고, 수거 그물, 이동 장치 등을 고안했다.

이와 같이 기술적으로도 진정성 있게 실현 가능한 방안으로 발전시켜 나가는 모습을 전 세계인과 꾸준히 소통한 결과, 코카콜라, 해운기업 머스크(MAERSK), 우리 기업 기아, 글로비스 등 다국적 기업까지 후원에 나서게 만들면서 메가 프로젝트로 추진할 수 있게 됐다. 2024년 오션클린업의 설명에 따르면, 1년간 22차례 운항하면서 몇백만 톤을 치웠고, 앞으로 5000번을 더 운영하면 태평양상 플라스틱쓰레기 추정량 75억 톤의 90%를 2040년까지 치울 수 있을 것이다. 이 작업에 60억 달러 정도가 더 드는데, 계속 후원과 기술이 진전되면 2035년까지 앞당길 수도 있을 것이라고 한다.

이들은 여기에 머무르지 않고 위성 데이터를 연구하여 가장 효율적인 청소 지역을 시뮬레이션하고, 가장 효율적이면서 물고기의 혼획을 방지하는 등 환경에 위해를 최소화하는 그물 장치 개발도 지속하고 있다. 오션클린업의 그물을 제작하는 재능을 기부하고 있는 어업용 그물 업체 사장은 "평생 고기 잡는 그물을 만들어왔는데, 이제야 바다를 위해 뭔가를 돌려주는 것 같아 보람 있다"라고 인터뷰하기도 했다.

그들의 관심은 바다에 이미 버려진 쓰레기에만 머무르지 않고, 바다로 새로 유입되는 쓰레기를 근원적으로 막는 데까지 옮겨가고 있다. 전 세계 1000개의 강에서 쓰레기의 80%가 유입된다는 연구 결과를 바탕으로 주요 강 하구에 쓰레기 방지막(Interceptor)을 개발해서 보급하고 있다.

앞으로도 남은 숙제는 막대하지만, 인간이 해결할 수 없을 것 같던, 그래서 어느 나라 정부도, 국제기구도 본격적으로 시작하지 않았던 일을 해내고 있는 한 청소년의 꿈이 조금씩 실현되고 있다는 점은 동시대인으로서 깊이 새겨봐야 할 일이다. 특히 20세기 중반의 발명품인 플라스틱이 미세화되면서 인체의 건강이나 자연에 미치는 영향이 점점 연구, 보고되기 시작하고 있어 앞으로 해양플라스틱은 인류의 가장 심각한 고민거리가 될 것으로 생각된다. 이러한 문제를 근원적으로 해결하고자 시도하는 모든 노력에 박수를 보낸다.

사례 2: 글로벌피싱와치, 인공지능이 바다를 지킨다

매년 1월 초 세계 경제산업계의 이목을 끄는 전시회가 있다. 미국 라스베이거스에서 열리는 CES 가전박람회인데, 올해도 화두는 단연 인공지능이었다. 지난 몇 년간 인공지능이 해양행동의 패러다임을 바꾸고 있는 사례가 있다.

10대 청소년 한 사람의 꿈으로부터 시작된 오션클린업과 대비되는 사례로, 세계 최대의 혁신기업 중 하나인 구글(Google)이 주도하는 해양행동이 바로 그것이다. 2016년 구글은 해양 NGO '오세아나(Oceana)', 위성 데이터 분석 업체 '스카이트루스(SkyTruth)'와 협력하여 비영리단체 '글로벌피싱와치(Global Fishing Watch)'를 운영하고 있다.

이 프로젝트는 전 세계 어선의 움직임을 위성정보로 추적하고, 이를 전 세계에 무료로 공개함으로써 불법·비보고·

비규제 어업(IUU)을 감시하고 수산자원을 지속 가능하게 관리하도록 이끌고 있다. 이 활동은 이미 각종 오션 콘퍼런스를 비롯하여 전 세계 불법조업 근절 활동의 틀을 획기적으로 바꾸고 있다. 내가 대사관에서 근무하는 동안 《뉴욕타임스》나 CNN 등 매체를 통해서도 이 활동은 여러 차례 대중적으로 보도될 만큼 굉장한 성과를 보이고 있다.

    망망대해에서 불법조업을 단속한다는 것 역시 플라스틱 쓰레기를 치우는 것과 같이 모든 사람이 마음은 있으나 어디서부터 시작해야 할지 모르는 막연한 일이다. 선박에는 국제 규범으로 위성위치정보발신장치(AIS)를 장착하게 되어 있으나, 일정 규모 이하의 소규모 선박이나 대부분의 어선에는 적용되지 않고, 또 큰 어선의 경우에도 조업 위치는 영업 비밀인 관계로 AIS를 켜지 않고 조업하는 것이 공공연한 상황이다. 사실상 단속 선박을 운영하며 요주의 지역을 순찰하는 외에 뾰족한 수단이 없었고, 그나마 이러한 단속 역량을 갖는 나라는 매우 제한적인 실정이었다. 세계적으로 불법조업에 대한 규범을 갖추고 협의를 이어 나가긴 하지만 실행력 있는 단속은 쉽지 않고, 매우 부분적으로 이루어질 수밖에 없었다. 즉 어선의 무차별한 물고기 남획으로 지구상의 어족자원이 급감하고 바다생태계가 황폐해지는 문제는 모두가 알지만 마땅히 규제할 실행 방안이 없어 속수무책인 상황이었다.

구글은 여기서 발상의 전환을 시도했다. AIS에만 의존하지 않고 다양한 위성 데이터를 조합하여 어선의 위치를 추적하는 알고리즘을 도입한 것이다.

낮에는 위성의 광학 카메라 정보, 즉 사진으로, 밤에는 빛 감지 센서로, 구름이 가리는 경우는 레이더 정보까지 추가하여 모든 선박을 인지할 수 있었다. 그리고 선박의 이동 패턴을 머신러닝으로 분석하여 어느 나라, 누구 소유의 어떤 선박이, 어느 지역에서 며칠간 어떤 조업을 하는지, 어느 항구에서 출항하여 어느 항구로 어획물을 싣고 가는지 등을 샅샅이 밝혀냈다.

이러한 방대한 정보를 구글은 구글 어스 엔진(Google Earth Engine)과 클라우드 컴퓨팅 역량을 통해 빠르게 분석·처리하고, 빅데이터 처리와 시각화 기술, 글로벌 플랫폼 인프라를 구축하여 국제사회에 공유하고 있다. 직관적인 온라인 지도 형태로 보여주는 시스템을 통해 각 어선의 위치·운항 경로가 실시간 혹은 단기 지연 형태로 시각화되며, 누구나 인터넷 접속만 가능하면 해당 정보를 확인할 수 있게 됐다. 구글은 이렇게 개방적이고 투명한 정보 제공이 어업 관리 당국, 연구자, 시민사회가 불법조업을 감시하고, 해양생태계 보전정책을 수립하

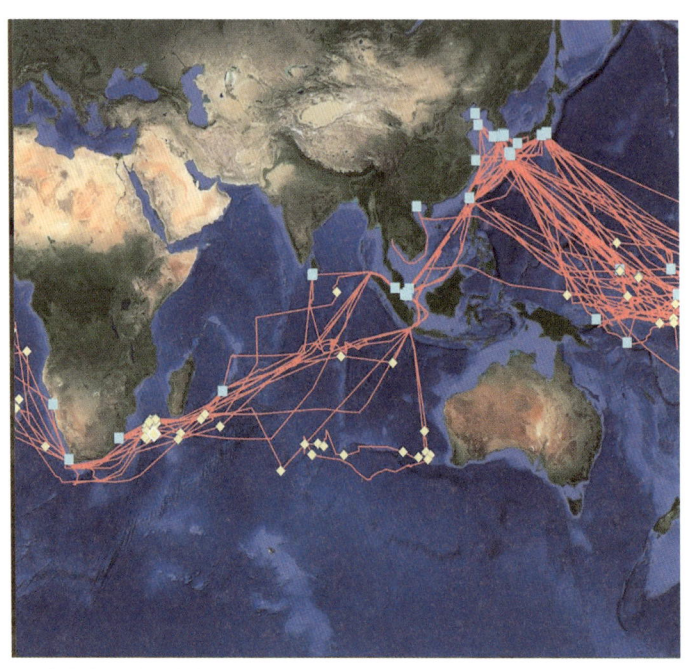

✚ 선박의 위치뿐 아니라 이동 패턴을 계속 추적하고 머신러닝으로 분석한다.
출처: http://globalfishingwatch.org

는 데 큰 도움을 줄 수 있다고 보고 '글로벌피싱와치'에 대한 기술·재정적 지원을 꾸준히 이어가고 있다.

그 결과 단속 선박 등 감시 역량이 매우 제한된 작은 국가에도 이런 정보가 실시간으로 제공되어 자국 항만에 불법조업 선박의 입항을 방지한다거나 적발, 단속하는 등 실질적인 성과를 내고 있다. 아울러 이런 상세한 데이터를 바탕으로 작성된 세계식량농업기구(FAO) 같은 국제기구나 지역수산기구(RFMO) 등의 주기적인 리포트 덕에 지난 몇 년간 차원이 다르게 구체적으로 위반 사항을 적발하고, 위법한 패턴을 전 세계에 환기할 수 있었다. 그리하여 불법조업으로 의심받는 요주의 국가에 대한 보다 구체적인 압박을 할 수도 있게 됐다.

    결과적으로 구글의 기술력이 결합됨으로써 과거에는 수집·분석하기 어려웠던 대규모 해양 위치정보가 거의 실시간으로 대중에게 공개되고, 정부나 NGO가 현장에서 불법조업을 적발하거나 어업 관리 규정을 엄격히 집행하는 데 큰 변화를 가져오고 있다. 이는 '데이터 민주화'를 통해 해양자원 관리에 투명성과 책임성을 높이는 선도적 사례로 평가받고 있다. 불법조업뿐만 아니라 다양한 해양변화 또는 해상활동에 대한 관측 데이터가 이처럼 유용하게 활용될 수 있음을 보여주고, 또한 구글뿐만 아니라 다양한 혁신 기업의 글로벌 플랫폼과 데이터 분석 능력이 해양행동에 중요한 역할을 할 수 있을 것으로 전망하게 한다.

초연결사회의
글로벌 시민사회와 기업

앞의 두 사례는 서로 다른 것 같으면서도 공유되는 특성을 보여준다. 초연결된 글로벌 네트워크가 없었다면 어느 사례도 가능하지 않았을 것이다. 10여 년 전에는 막연한 꿈처럼 여겨졌을 수도 있는 실천이 이제 가능한 시대가 됐다는 것이다.

오션클린업의 경우 초연결된 글로벌 네트워크에 힘입어 크라우드 펀딩으로 한 청년의 아이디어에 선진국 정부 또는 글로벌 기업이나 가능할 정도의 자금을 동원하고, 최고의 기술력을 적용하여 의미 있는 성과를 거둘 수 있었다. 담대한 구상을 설득력 있는 영상 자료로 만들어 실시간으로 전 세계와 공유할 수 있었기 때문에 초대형 인프라 사업 규모의 일을 추진할 수 있었다. 또한 위성 데이터와 데이터 사이언스 역시 성공적인 운영에 크게 기여하고 있는 점을 빼놓을 수 없다.

글로벌피싱와치는 인류의 가장 오래된 산업, 전통산업으로만 여겨지던 어업을 최첨단 기술의 관점으로 분석하여 종래의 국제 어업 공동체가 상상하지 못했던 방식으로 불법조업 행태를 생생하게 시각화하여 설명해냈다. 위성, 통신, 데이터 기술을 비롯하여 실시간 감시에 참여하는 공동체를 초연결함으로써 가능했다.

  두 사례 모두에서 글로벌 커뮤니티가 정보통신 네트워크로 연결되고 미디어 기술과 위성 등으로 수집된 다양한 데이터 기술이 융합되어 실질적으로 변화를 만들어내고 있다. 따라서 초연결된 글로벌 네트워크를 활용하면 오션클린업과 글로벌피싱와치에서 그치지 않고 앞으로도 얼마든지 대담하고 창의적인 활동이 많이 탄생할 것이라고 기대한다.

  특히 이렇게 국제사회가 초연결되어 있지 않았다면 글로벌 기업이 이처럼 참여할 동기가 유발될 수 있었을까? 구글이 불법조업을 추적하는 기술을 보임으로써 해양행동 커뮤니티에 기업 이미지를 제고하는 효과도 있겠지만, 그걸 넘어서 구글의 기술력이 무엇을 할 수 있는지 그 막대한 가능성을 전 세계에 알릴 수 있지 않았는가. 어선의 움직임을 이 정도로 추적하고 분석할 수 있다면, 전 세계 해상에서 일어나는 다른 행위도 충분한 정보로 가공될 수 있을 것이다. 나는 이 기술이 얼마든지 다른 비즈니스에 채택되어 구글에 수익을 가져다주고 있지 않을까 생각한다. 또한 오션클린업의 활동이 아무리 설득력 있다 한들 초연결사회의 소셜미디어 등에서 이러한 큰 관심을 끌어모으지 않았다면 코카콜라와 같은 대기업이 참여할 수 있었을까.

초연결사회에서 기업의 가치는 전통적인 고유 비즈니스에만 의지하는 것이 아니다. SNS 등으로 초연결된 사회에서는 '밈(meme)'이라는 신조어가 단적으로 보여주듯이 온라인상에서 퍼지는 다소 우연적이기도 한 이미지의 영향력은 막강하다. 이런 이미지의 영향력은 기업으로 하여금 고유의 제품과 서비스의 품질 경쟁력뿐만이 아니라 주요한 가치 창출 영역에서 차별화한 경쟁력을 추구하도록 한다. 순간적으로 전파되는 기업 이미지가 기업의 브랜드 가치에 상품과 서비스 품질 이상으로도 큰 영향을 줄 수 있는 것이다. 이에 따라 기업, 투자가도 이와 같은 이미지를 매우 민감하게 고민하고 투자 경영 전략에도 활용한다. 만일 해양문제에 대해 감수성이 높은 청년, 청소년 세대에게 어필할 수 있다면, 해양문제에 상당한 규모로 투자하는 것이 기타 다른 활동에 대한 투자 이상으로 기대수익이 높아질 수도 있다. 그러한 이미지 관리의 실패로 한 순간에 날아갈 수 있는 기업 가치를 생각하면 많은 글로벌 기업이 ESG 활동에 나서는 것은 진지할 수밖에 없을 것 같다.

이러한 흐름에 우리 기업도 동참하고 있다. 이미 해양수산부와 함께 해양환경 정화 활동, 바다숲 조성, 갯벌 식생 복원 또는 해양과학기술 개발 사업 등에 10여 개 대기업이 다양하게 참여하고 후원하고 있다. 나는 이들 기업이 어떤 동기를 가지고 해양수산부와 협력사업을 하게 됐는지 궁금해서 몇몇 기업의 ESG 책임자들과 개별 인터뷰를 한 적이 있다. 그들은 각각 자사의 이미지를 경쟁 기업과 차별화하기를 바라고, 동시에 핵심 비즈니스와 해양문제에 대한 활동을 연계하는 것이 미래 전략 차원에서 유익하다고 판단하고 있으며, 사내에서 연구하며 발굴한 사업이라고 설명했다. 이러한 설명을 듣고는 '아, 우리 기업도 해양행동의 가치를 이미 알고 있구나!' 하는 무척 반가운 마음이 들었다.

이를 다시 생각해보면 초연결된 글로벌 네트워크 사회에서는 아이디어만 좋다면, 진정성 있는 주체가 추진한다면, 사업의 규모를 키우고 필요한 재원이나 기술을 동원하는 데 제약이 없어진 것이라고 볼 수도 있지 않을까. 민간 비즈니스에서 창업 아이디어를 가지고 글로벌 비즈니스로 키워내듯이, 이러한 소셜 비즈니스에서도 더 많은 해양행동 창업가가 이전에는 상상할 수 없었던 일에 도전해볼 수 있을 것이라고 믿는다.

앞에서 오션클린업과 글로벌피싱와치 사례를 통해 소개한 해양 플라스틱과 불법조업 문제에 추가하여 국제사회에서 우선순위가 높아 대중적으로 많은 활동이 펼쳐질 것으로 예상되는 해양문제를 몇 가지 소개한다. 해양산성화, 산호초 부식, 해양보호구역과 관련된 논의가 서로 연결되어 국제기구와 학계, NGO, 시민사회에서 활발하게 제기되고 있다. 또 앞으로 크게 대두될 수 있는 기후변화와 해양변화에 잠재된 이슈인 '대서양 자오선 역전순환'에 대해서도 간략히 설명한다.

해양행동의 떠오르는 영역

요즘 '블루 이코노미(Blue Economy)'라는 용어가 차츰 보편화되고 있다. 10여 년 전에는 해양수산부와 연구자 일부에서만 접하던 말이지만, 이제는 오션 콘퍼런스를 비롯한 해양 관련한 다양한 회의, 행사에서도 통용되고 있다. 지속 가능하게 바다를 이용하며 경제발전을 추구한다고 이해할 수 있겠다. 바다에서 어업, 관광, 에너지, 생물자원 등을 활용해 경제를 발전시키면서도, 해양생태계를 조화롭게 지키겠다는 개념이다.

바다를 깨끗이 하고, 해양생물을 보호하며, 새로운 해양산업을 키우려면 상당한 자금, 돈이 필요하다. 그런데 이것을 자발적인 후원이나 정부 등의 보조에만 의존해서는 할 수 있는 사업이 매우 제약되고, 지속 가능하지도 않다. 그래서 최근 해양행동을 지속 가능한 형태로 지역사회에 뿌리내리게 하려면 경제적 효과가 같이 고려되어야 한다는 접근법이 주목받고 있다. 이런 경제적 효과를 연계해서 돈의 흐름, 즉 금융을 활용해보려는 아이디어, 블루 이코노미를 본격적으로 구현하기 위한 수단으로 '블루 파이낸스(Blue Finance)'가 떠오르고 있다.

2000년대 초반부터 기후변화나 환경보호와 관련해서 '그린 파이낸스(Green Finance)'가 대두됐다. 태양광 발전, 전기차, 산림 복원 등에 투자하는 녹색 금융으로, 이제 전 세계적으로 확고한 상업 금융 섹터로 자리 잡았다. 이러한 흐름을 좇아 블루 파이낸스도 성장 가능성이 대단히 크다는 기대를 받고 있다. 특히 바다는 넓고 이해관계와 책임 관리 구분이 복잡하다 보니, 통상의 금융 방식만으로는 작동하기가 어렵다. 그러다 보니 최근 국제사회에서 '해양을 위해 따로 돈을 마련하는 금융 시스템이 필요하다'는 공감대가 생기면서 블루 파이낸스가 부상하게 된 것이다.

바다에서는 생태계를 보전하면서도 경제적 가치를 개발할 여지가 크고 또한 그 가치를 개발하기 위한 금융상품을 도입할 여지도 크다. 해상풍력이나 조력발전 같은 친환경에너지를 생산하고, 해양관광 및 해양생물 소재 산업 등 새로운 경제 기회를 찾을 수 있다. 아울러 기후변화에 대응한 탄소중립을

맹그로브숲, 방글라데시 순다르반스

달성하기 위해 맹그로브숲이나 해초, 염습지같이 육지숲보다 탄소를 효과적으로 흡수·저장하는 여력이 큰 '블루 카본(Blue Carbon)'으로서의 경제적 가치도 상당하다.

이러한 아이디어에 대해 세계은행과 같은 국제기구에서는 블루 이코노미 사업을 지원하기 위해 선도적인 연구를 하고 가이드라인을 제시했다. 한편 세계자연기금(WWF), 네이처 컨저번시(The Nature Conservancy) 같은 NGO에서는 민간 금융기관, 투자 펀드 등과 공동기금을 조성하여 맹그로브숲 복원 등에 자금을 지원하기도 했다.

세이셸과 같은 작은 섬나라에서는 2018년 세계 최초로 '블루 본드(Blue Bond)'를 발행하여 소규모 어업 관리, 연안생태계 복원, 해양관광 개발 등에 자금을 융통하여 그 수익금으로 채권 이자를 상환하는 방식으로 운영하기도 했다.

해양위기를 줄이고 연안지역의 회복력을 높이기 위해 금융을 활용하려는 대표적인 사례 중 하나가 ORRAA(Ocean Risk and Resilience Action Alliance)다. 2019년 G7 비아리츠(Biarritz) 정상회의를 계기로 보험업계(AXA XL 등), 정부, NGO, 투자기관, 자선단체 등이 모여 해양재해(태풍, 홍수, 해수면 상승 등)에 취약한 연안·도서 지역의 재해 리스크를 관리하고 회복력을 높이기 위해 결성했다.

정부·민간·시민단체가 파트너로 참여하며, 보험·투자 기법을 활용해 해안·도서 지역이 직면한 태풍·홍수·해수면 상승 같은 리스크에 대비하는 프로젝트에 자금을 투입하거나, 맹그로브숲, 산호초, 염습지 등을 활용해 재해 피해를 줄이면서 지역사회의 지속 가능한 경제활동도 보장하는 것을 추구한다. '산호초보험(Parametric Insurance)' 같은 혁신적 금융상품을 설계해 허리케인 같은 재난에 대비 산호초 복원에 투자하고, 관광업이나 어업을 안정적으로 유지하게 만드는 식이다.

2018년 세계은행은 10여 개국 공동 참여로 수억 달러 규모의 신탁기금(Multi-donor Trust Fund) 프로블루(PROBLUE)를 창설했다. 4대 분야(해양쓰레기 감소, 지속 가능 어업·양식, 해양생태계 보전, 해양관할구역 거버넌스)를 중심으로 각국 정부·민간의 프로젝트에 자금·기술·정책 자문을 제공한다. 개도국 정부가 해양오염관리제도 개선을 하거나 해양보호구역 등을 지정·운영하는 데 필요한 재정과 전문 컨설팅을 지원받을 수 있다.

2021년 영국 정부는 공적개발원조(ODA) 예산을 활용해 해양·기후 대응 전담 기금 '블루 플래닛 펀드(Blue Planet Fund)'를 만들었다. 영국은 기후변화와 해양생태계 보호를 '외교·개발 정책의 핵심'으로 삼으면서, G7 회의 등 국제무대에서 블루 플래닛 펀드의 출범을 공식 발표했다. 개도국의 해양쓰레기 저감, 불법조업 단속, 연안생태계 복원, 블루 카본(맹그로브숲·염습지 등) 보호 등을 목표로 하는 프로젝트에 재정 지원을 한다. 특히 영국이 보유한 해양과학·해양기술 역량을 개도국과 공유하고 현지 주민과 협력하는 방식을 통해 '해양생태계 보전+빈곤 완화'를 동시에 추진하는 데 초점을 맞춘다.

이러한 블루 파이낸스가 효과적으로 작동하기 위한 주요한 연결고리가 있는데, '자연기반해법(NBS)'이 바로 그것이다. 자연기반해법은 자연생태계가 원래 지닌 기능을 살려서 기후변화나 재난 등에 대응하자는 개념이다.

맹그로브숲, 염습지, 산호초, 해초밭 등을 복원·보호하는 데 투자를 하면 탄소를 흡수해 탄소배출권 또는 카본 크레디트로 금전적 보상을 얻을 수 있을 뿐 아니라, 물고기 산란장을 만들어 어업자원도 늘고, 해안침식이나 태풍 피해도 줄이고 관광수익을 창출할 수도 있다. 그 수익 일부가 투자자에게 돌아가면, 환경도 살리고 투자자도 이익을 보는 윈-윈이 가능하다. 이렇게 자연기반해법은 블루 파이낸스가 작동할 수 있도록 하는 수익 창출원이 될 수 있어서 주목할 필요가 있다. 특히 우리나라의 경우 세계적인 갯벌(염습지)과 해조류 양식, 바다숲 조성 등을 향후 활용할 가능성도 기대해볼 만하다.

예전에는 '해양행동'이 단순히 공익적 활동이라 수익과는 무관하다고 여겨졌지만, 이제는 해양자원을 잘 보호·활용하면 꽤 수익도 낼 수 있다는 인식이 퍼지고 있다. 특히 맹그로브숲, 산호초, 해초 등은 탄소 흡수, 생태계 보호, 어업 증대 등을 동시에 이뤄내니, 기후위기도 막고 해양생태계도 살리는 실효적인 매개가 될 수 있다.

지역사회와 함께 진정 지속 가능한 프로젝트를 고민하면서 더욱 블루 파이낸스와 자연기반해법은 중요한 블루 이코노미의 모델이 될 것으로 보인다. 제대로 정착되기 위해서는 비용, 효과, 수익 측정 방식 등 명확한 기준이 정착되어야 할 것이다. 해양을 지키고 지속 가능하게 활용하기 위해 정부·민간·시민사회·국제기구가 파트너십을 맺어 자금을 공급하고 기술·정책 역량을 높이는 역할을 수행한다는 점에서 국제사회의 해양행동 흐름을 대표하는 사례가 많이 창출되기를 기대한다.

'GPGP'에 대하여

'GPGP(Great Pacific Garbage Patch, 대태평양 쓰레기 지대)'는 말 그대로 북태평양 해류순환계(Gyre)에 방대한 양의 해양쓰레기가 모여 형성된 구역을 말한다. 오랜 기간 존재했지만 전 세계적으로 주목받기 시작한 것은 비교적 최근이다.

1990년대 후반, 미국의 요트 선장이자 해양연구가인 찰스 무어(Charles J. Moore)가 북태평양을 항해하다 거대한 쓰레기 띠를 발견했다고 보고함으로써 학계·언론에서 본격적으로 문제가 제기됐다. 1997년 무어가 이 사실을 처음 학계에 공유했을 때는 대부분 "바다 한가운데에 그렇게 많은 쓰레기가 모인다는 게 가능할까?" 하고 의문을 제기했다고 한다.

이후 미디어와 과학자의 현장 탐사를 통해 한 지점이 아니라 북태평양 회합류(回合流, Gyre)를 따라 쓰레기가 떠다니며 밀집되는 현상이 확인됐고, 이를 가리켜 'GPGP'라고 칭하기 시작했다.

2000년대 중반을 거치면서 여러 해양환경단체와 언론이 이 쓰레기 지대를 집중 조명하기 시작했다. 특히 CNN, BBC 등 대형 미디어에서 '태평양 한가운데의 플라스틱 섬'이라는 자극적인 헤드라인으로

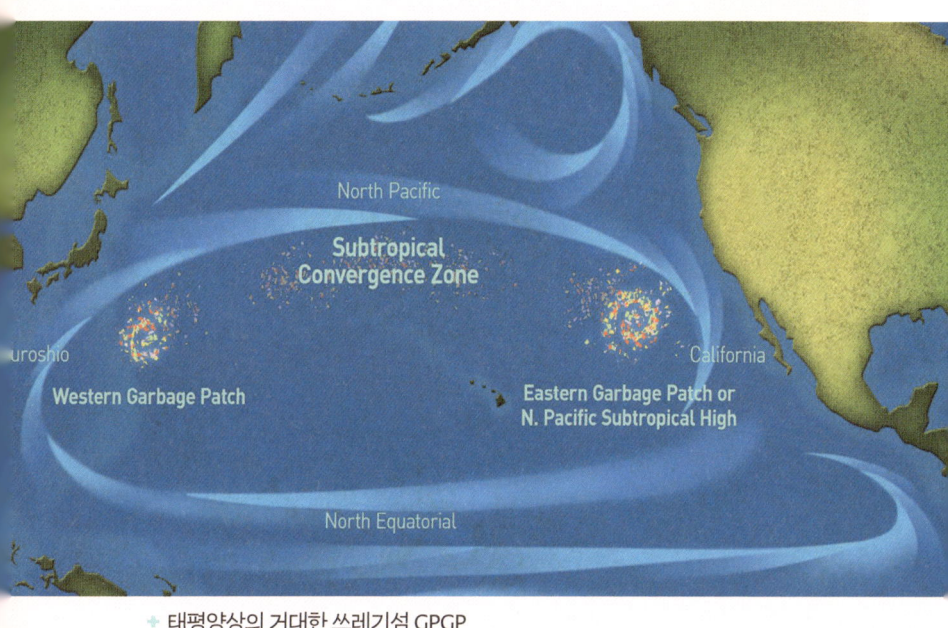

+ 태평양상의 거대한 쓰레기섬 GPGP
출처: NOAA, https://oceanservice.noaa.gov/facts/garbagepatch.html

보도하여 크게 반향을 일으켰다. 이 시기에 해양학자들과 NGO의 조사 결과가 축적되면서, 부유하는 플라스틱쓰레기가 해양생물, 먹이사슬 등에 미치는 피해가 실제로 상당히 심각하다는 점이 드러났다. 2008년 전후 국제학술지와 환경단체 보고서가 연이어 나오면서, 과거 막연하게 '바다엔 플라스틱이 많다'고 여겼던 인식이 구체적인 지표(쓰레기 밀집도, 미세플라스틱 농도 등)로 확인됐다.
2010년대에는 SNS와 유튜브 등 디지털 매체를 통해 바다거북 코에 꽂힌 빨대, 바닷새의 배 속에서 나온 플라스틱 조각 등 충격적 장면이 전 세계로 빠르게 확산됐다. 그 중심 지점 중 하나가 바로 'GPGP'

라는 키워드였고, 이는 '해양플라스틱 오염의 상징'으로 떠올랐다.

미국 국립해양대기청(NOAA) 등 공식 기관이 해당 구역의 범위, 쓰레기 농도 등을 연구·추적하면서 '가시적인 섬'이라기보다는 쓰레기 입자가 넓은 면적에 걸쳐 부유하고 있음을 분명히 했다. 그런데도 '플라스틱 섬'이라는 이미지가 대중적 관심을 유발하는 데 크게 기여했다.

2010년대 후반부터 해양 청소 비영리기업 오션클린업이 대규모 청소 프로젝트를 시도하면서, 다시 한 번 GPGP가 언론에 부각됐다. 연구 결과 쓰레기 지대의 면적과 정확한 밀집도는 측정 방식에 따라 다른 수치가 나오지만, 일반적으로 텍사스주나 프랑스 면적을 훌쩍 넘어서는 크기로 추정된다고 알려져 있다.

국제사회는 단순히 쓰레기를 수거하는 것만으로는 해결이 어렵다는 점을 인식하게 됐고, 근본적으로 플라스틱 생산·소비·폐기 방식 전환 및 정책적 규제가 필요하다는 결론에 도달했다. 이후 UNEP에서 글로벌 플라스틱 협약 논의가 본격화되는 등 자원순환 전체에 대한 접근이 시도되고 있다.

'해양산성화'에 대하여

'해양산성화(Ocean Acidification)'란 바다가 점점 산성에 가까운 성질을 띠는 현상을 말한다. 아직 바닷물은 실제 산성(pH 7 미만) 상태는 아니지만, 산성에 가까워지면서 해양생물에게 부정적 영향을 준다는 뜻이다. 바닷물이 산성에 가까워지는 가장 큰 이유는 이산화탄소(CO_2) 농도 증가다. 대기 중에 많아진 이산화탄소가 바다로 흡수되면서 바닷물과 화학반응을 일으켜 탄산(H_2CO_3) 형태가 되고, 이는 물속에 녹아 있는 탄산염이온(CO_3^{2-})을 줄여서 pH를 낮추게 된다.

바닷물이 산성에 가까워지면 산호, 조개류, 플랑크톤 등 칼슘이나 탄산칼슘 성분으로 단단한 껍데기나 골격을 만드는 해양생물의 껍데기·골격 형성을 방해한다. 조개, 산호초 등이 제대로 성장하지 못하면, 상위 포식자(물고기, 바닷새, 해양포유류)까지 영향을 받아 먹이사슬 붕괴가 일어날 수 있다. 이는 연안어업이나 양식업도 타격을 입어, 결국 인간의 식량 문제까지도 이어진다. 게다가 바다가 이산화탄소를 지나치게 흡수하게 되면 해양산성화가 심해지고, 해양생태계가 황폐해져 바닷물의 탄소흡수력도 저하된다. 그러면 기후변화가 더 가속화될 수도 있다.

해양산성화의 원리 개념도
출처: 미국 해양대기청(https://www.noaa.gov/education/resource-collections/ocean-coasts/ocean-acidification)

산업화 이후 바닷물의 표층 pH는 약 0.1 정도 낮아졌다고 하는데, 해류, 온도, 생물 활동 등에 따라 지역마다 바닷물의 산성화 진행은 다르게 나타난다고 한다. 해양산성화는 눈에 잘 보이지 않지만, 바다 전체 생태계에 큰 영향을 미친다. 그중 열대 바다의 산호는 이미 해수 온도 상승으로 백화 현상을 겪고 있다. 이에 더해 해양산성화가 추가로 진행되면서 산호초 부식까지 심해져 다양한 해양생물 서식지가 무너지고 종 다양성도 급감할 우려가 있다. 동시에 굴, 조개, 새우 같은 갑각류, 부유성 플랑크톤 등은 바다의 pH가 낮아지면 껍데기를 구성하는 탄산칼슘을 흡수·분비하기 어려워져 번식과 생존이

힘들어지고 해양생태계의 먹이사슬 전반에 악영향을 준다.

기후변화 대응과 마찬가지로, 가장 근본적인 해법은 대기 중 이산화탄소 농도를 줄이는 것이다. 이를 위해 화석연료 사용을 대체하는 재생에너지 도입, 에너지 절약과 효율 개선 등을 추진해야 할 것이다. 아울러 숲과 맹그로브 등 블루·그린 카본 생태계 보전을 통해 이산화탄소 흡수량을 늘리는 것도 함께 도모해야 한다. 바다 속에 해조류 숲을 조성하거나 갯벌 등 연안 습지를 복원하는 사업 등은 바다의 탄소 흡수력을 높이고, 산호초 복원과 생물다양성 유지에도 도움이 될 것이다.

산호초 부식현상

산호초는 따뜻하고 맑은 바닷속에서 산호(산호 폴립) 개체가 칼슘 성분을 분비해 오랜 기간 쌓인 구조물을 말한다. 전 세계 해양생물의 25% 이상이 산호초 지역에 의존해 살 정도로, 해양생태계에서 매우 중요한 '바닷속 숲' 역할을 한다. 산호초 부식현상(Coral Reef Erosion)이란 최근 기후변화로 인한 수온 상승과 해양산성화 등으로 인해 산호가 만드는 뼈대(탄산칼슘 구조)가 녹거나 부식되어 급격히 약해지고 파괴되는 현상이다.

물고기와 각종 해양생물이 산란·서식·먹이를 구하는 '바닷속 도시' 역할을 하는 산호초가 부식·파괴되면 수많은 종이 살아갈 터전을 잃고 해양생물다양성이 급감하게 될 우려가 크다. 특히 산호초가 잘 발달한 곳에서는 어업, 해양관광 등도 발달해 있어 산호초 파괴에 따라 어종이 줄어들고 관광객이 감소하는 등 지역 경제에도 직접적인 영향이 크다. 게다가 산호초는 해안 가까이에서 파도와 해일을 약화시켜 연안을 보호하는 역할까지 하므로 산호초가 부식되면 해안침식이 심해지고 허리케인이나 태풍 같은 자연재해 피해가 더 커질 수도 있다.

이러한 다양한 산호초의 역할 때문에 산호초 보호·복원이 해양생태계 전체를 살리는 핵심 과제로 꼽히고 있다. 산호초 보호와 복원을 위해서는 수온 상승과 해양산성화라는 근본 원인을 줄이기 위해 이산화탄소 배출을 줄이는 것과 아울러 적극적인 산호초 보호와 복원 노력이 요구된다. 산호초가 모여 있는 지역을 해양보호구역으로 지정하여 보호하거나, 산호 종자를 양식장에서 키워 자연 또는 인공 구조물에 이식하는 사례가 증가하고 있다.

산호초의 다양한 가치가 널리 인식되면서 국가나 지역사회의 참여도 활성화되고 있다. 세계 최대의 산호초 군락인 호주 대산호초(Great Barrier Reef)를 보호하기 위해 호주 정부가 대규모 예산을 투입하고 과학자와 다이버가 팀을 이뤄 산호 복원을 추진하고 있다. 인도네시아·필리핀 등 동남아시아 국가의 지역사회, 어민·관광업체도 산호초 복원 작업 참여와 양식·관광 등 대체 소득 지원 연계 등을 모색하고 있다.

해양보호구역

해양보호구역(MPA, Marine Protected Area)은 해양생태계, 생물다양성 및 해양자원을 보전하고 관리하기 위해 특별히 지정된 구역을 말한다. 특정 해역의 생물종과 서식지를 보호하기 위한 목적으로 지정되는데, 유형에 따라 생물다양성 보존과 함께 어업, 관광 등 다양한 활동을 허용하기도 한다.

해양생물은 지구 전체의 생물다양성에서 상당 부분을 차지하고, 광범위한 지역에서 복잡하게 상호 연결된 생태계를 구성한다. 아울러 해양생물의 상당수가 특정 지역에 집중되어 서식하는 '생물다양성의 핫스폿'이 존재한다. 따라서 이러한 핫스폿과 산호초, 맹그로브숲 등 특정 지역을 보호지역으로 지정하는 것이 생물다양성 보전의 유효한 전략으로 주목받게 됐다. 이에 따라 2030년까지 세계 해양의 30%를 해양보호구역으로 지정하자는 '30X30 이니셔티브'가 국제사회에서 주창되고 있다.

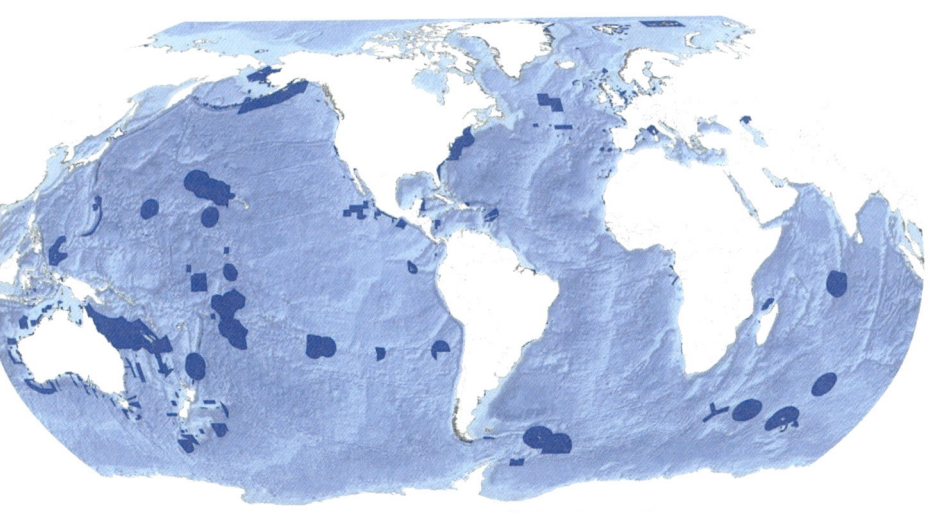

+ 세계 해양보호구역 현황
출처: 세계자연보전연맹(https://iucn.org/resources/issues-brief/marine-protected-areas-and-climate-change)

대서양 자오선 역전순환

대서양 자오선 역전순환(AMOC, Atlantic Meridional Overturning Circulation)은 대서양을 가로지르는 거대한 해류 시스템을 말한다. 2004년 영화 <투모로우>를 통해 대중에게 알려지기도 했다. 적도 부근의 따뜻한 표층 바닷물이 북쪽으로 이동하다가 북극과 그린란드 주변에서 차갑게 식으면, 밀도가 높아져서 가라앉게 된다(Overturn). 이렇게 대서양 북쪽에서 차가워진 바닷물이 가라앉으면 일종의 펌프질을 하여 깊은 수심의 물은 다시 남쪽으로 흘려보내게 된다. 이러한 원리에 따라 대서양의 적도 부근부터 북극과 그린란드 부근까지 이르는 큰 해류의 흐름이 컨베이어벨트처럼 이어진다.

이 대서양 해류 순환으로 인해 멕시코만에서 올라온 따뜻한 표층 해수가 유럽의 기후를 온화하게 유지한다. 이 때문에 유라시아의 동쪽 시베리아 지역에 비해 같은 위도상의 서유럽 지역이 훨씬 온화한 기후를 띠게 된다. 겨울 기온이 영하로 거의 내려가지 않는 영국 런던이 북위 51도인데, 추운 겨울로 유명한 러시아 블라디보스토크는 북위 44도인 점을 생각하면 이 대서양 해류의 영향을 대충 짐작할 수 있다. 최근 과학계에서 이 대서양 해류의 속도가 계속해서 느려지고 있다는 관측 결과를 발표하고 있다. 그 이유에 대해서는 다양한 설명이 존재하지만, 유력한 가설은 지구온난화로 인해 북극과 그린란드의 얼음이 많이 녹으면서 대서양 북쪽의 염분이 낮아지고 있는 것이 큰 이유라는 것이다. 대서양 북쪽에서 차가워진 물이 염분이 낮아지면 밀도가 이전에 비해 낮아지고 밀도가 낮아지면서 찬물이 아래로 가라앉는 속도가 느려지고, 결과적으로 일종의 펌프질 힘이 약해지면서

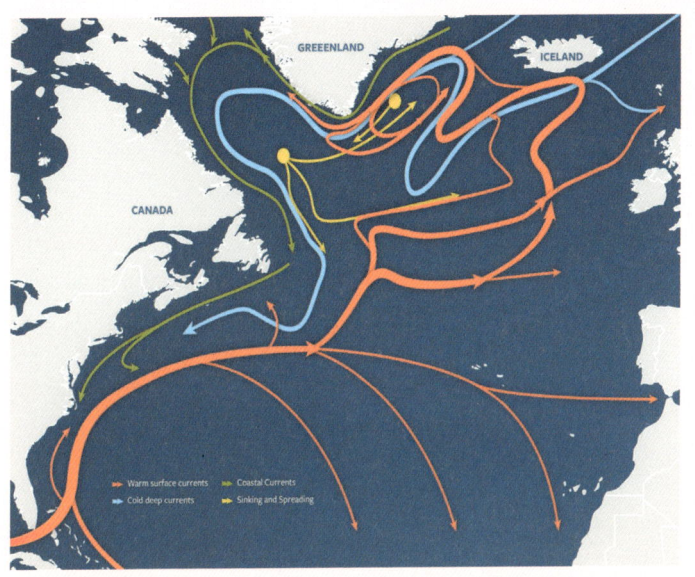

✣ 대서양 자오선 역전순환 개념도
출처: 우즈홀해양연구소(https://www.whoi.edu/know-your-ocean/ocean-topics/how-the-ocean-works/ocean-circulation/amoc)

깊은 수심의 물을 남쪽으로 밀어내는 힘이 약해지고 있다는 것이다. 영화 <투모로우>는 이러한 현상이 극단적으로 흘러 대서양 해류가 멈추는 상황을 가정하고 유럽과 북미대륙의 기온이 급강하하는 재난 상황을 연출하여 큰 화제가 됐다. 아직까지 대서양 해류가 느려진다고 해서 그것이 곧 언젠가는 멈출 수도 있다고 우려하는 것은 기우일지도 모른다. 많은 과학자와 당국에서 예민하게 관찰하고 있는 이슈이기도한 동시에 해류 흐름의 큰 변화가 관측된다는 점에서 기후뿐만 아니라 물 속 생태계에도 상당한 변화가 발생하는 것은 아닌지에 대해서도 많은 연구가 필요하다. 또한 이 현상은 바다와 기후가 얼마나 깊이 연결되어 있는지를 보여주는 점에서 매우 의미가 있다.

'블루 카본'과 '블루 카본 크레디트'에 대하여

'블루 이코노미'를 실현하기 위한 주요 매개로 대두되는 '블루 카본'과 이를 응용하는 '블루 카본 크레디트(Blue Carbon Credit)'에 대한 설명이 필요할 듯하다.

블루 카본은 맹그로브숲, 염습지, 해초밭 등 해양·연안 생태계가 흡수·저장하는 탄소를 말한다. 일반적으로 산림이나 토지생태계를 통해 저장되는 그린 카본(Green Carbon)과 달리, 바다와 연안에 특화된 자연생태계가 탄소를 포집·격리하는 것을 강조하는 개념이다. 이러한 해양·연안 생태계는 육상숲에 비해 단위면적당 탄소 흡수율이 10배까지 높고, 저층 퇴적물에 탄소를 오랫동안 가두어둘 수 있어서 기후변화 완화 측면에서 중요한 역할을 한다.

블루 카본 크레디트는 이같이 해양·연안 생태계가 흡수·저장한 탄소량을 금융·거래 시장에서 '탄소배출권' 형태로 인정해주는 제도적 장치를 의미한다. 즉 맹그로브숲이나 해초밭을 복원·보호하여 일정량의 탄소를 줄였다고 계산되면, 그만큼의 크레디트를 발행해 기업이나 다른 주체가 구매함으로써 자신의 탄소 배출을 상쇄하는 데 활용할 수 있도록 하는 것이다. 이를 통해 자연기반해법(NBS, Nature-based Solutions) 프로젝트에 자금을 유치하고, 연안 커뮤니티가 생태계 복원에 참여하여 경제적 보상도 얻을 수 있다.

기업이나 기관이 온실가스 배출을 줄이기 어려운 경우 블루 카본 크레디트를 구매해 자신의 탄소중립 목표를 충족하거나 ESG(환경·사회·지배 구조) 보고서 등에 활용할 수 있다. 이 과정에서 생태계 복원·보전 활동은 금전적 지원을 받게 되고, 연안지역이 장기적으로 기후위기와 해양생태계 파괴에 대응할 역량을 강화하게 된다.

그 사례를 보면, 맹그로브숲 복원, 염습지 복원, 해초장(Seagrass) 복구 등으로 매년 일정량의 탄소를 흡수·저장하는 프로젝트를 진행하고, 과학적 방법(위성·현장 조사 등)으로 그 양을 추정·검증받는다. 검증된 탄소 흡수량만큼 탄소배출권(크레디트)을 발행하여, 기업이 이를 구매함으로써 '블루 카본 경제'가 돌아가도록 유도한다.

이렇게 블루 카본 크레디트를 통해 해양·연안 생태계 복원사업에 더 많은 투자·재원이 유입되고, 이를 통해 기후변화 완화와 해양생태계 보호를 동시에 꾀할 수 있다는 점에서 큰 주목을 받는다. 하지만 한계도 있다. 생태계 복원 이후 실제로 얼마만큼 탄소를 흡수하는지 장기적 모니터링이 필요하며, 단기 투기성 거래나 '블루워싱(Blue-washing)' 우려를 방지하기 위해 투명한 검증 체계가 필수적이다.

'빌리언 오이스터 프로젝트'에 대하여

지역사회가 주도하고 자연기반해법으로 해양환경을 회복시키는 재미있는 사례를 소개한다. 뉴욕시에서 허드슨강 하구 일대의 수질 개선을 위해 추진 중인 '빌리언 오이스터 프로젝트(Billion Oyster Project)', 일명 '굴 복원 사업'이다.

2014년경 공립 고등학교인 뉴욕하버스쿨(New York Harbor School)과 비영리단체인 뉴욕하버재단(New York Harbor Foundation)이 협력하여 2035년까지 뉴욕 하버습지와 인근 연안에 총 10억 마리의 굴을 복원한다는 야심 찬 계획을 세웠다. 허드슨강 하구는 과거부터 굴 서식에 최적지였으나 수질오염과 남획으로 굴 개체 수가 급격히 감소했는데, 지역사회가 도시 수질 개선과 생태계 복원을 동시에 노리는 자연기반해법 사례로 기획한 것이다.

현재까지 수많은 자원봉사자와 지역 학생이 참여하여 수천만 마리의 어린 굴(Seeds)과 수십만 파운드 이상의 굴 껍데기(Shell) 재활용 자재를 뉴욕항 곳곳에 투입했다. 2023년 기준 누적 1억 마리가 넘는 굴을 복원했다는 집계도 있다. 굴 껍데기를 모으고, 양식장에서 어린 굴을 키운 뒤 일정 크기가 되면 바다에 이식하고, 수중에 리프

✚ '빌리언 오이스터 프로젝트' 활동 현장
  출처: https://www.billionoysterproject.org/reefs

(Reef)를 설치하여 굴이 붙어 살아갈 기반을 조성하기도 한다. 아울러 하구·연안 전반의 수질과 생태 변화를 모니터링하는 과학교육 프

로그램을 병행한다.

2014~2017년 무렵까지 뉴욕하버재단, 뉴욕하버스쿨, 시 정부, 민간 자선단체 및 기업 등의 기부로 수백만 달러 규모(공공·민간 혼합)를 투입해 인공 구조물 설치, 굴 껍데기 수집 인프라를 구축했다. 2018년 이후 뉴욕시 정부와 뉴욕주 환경청(DEC), 연방기관(NOAA) 등에서 추가 예산을 확보하고, 대형 펀드(기업 CSR, 자선재단)로부터 수백만에서 수천만 달러 단위의 지원이 이어졌다.

'10억 마리 굴 복원'이라는 장기 목표 달성을 위해 향후 10~20년간 최소 수천만 달러 이상 추가 투입이 필요하다는 전망이 나온다. 다만 프로젝트는 점진적으로 민관 협력과 시민 참여(레스토랑의 굴 껍데기 기부, 자원봉사 등)를 유도하면서 재정 부담을 분산하는 구조다.

굴 한 마리가 하루 수십 리터 이상의 물을 거르며 부유물·영양염을 제거하므로 복원된 굴 리프가 늘어날수록 허드슨강 하구의 탁도(물의 투명도) 개선, 질소 등 영양염류 감소 효과가 기대된다. 동시에 굴 리프는 작은 물고기와 갑각류, 해초 등이 서식할 수 있는 구조물을 제공해 생물다양성을 높인다. 또한 굴 리프가 파도를 완화하고 침식을 방지하는 '자연 방파제' 역할을 하여 해안가 홍수 피해를 줄일 수도 있다. 더욱이 학생과 지역주민, 식당, 봉사단이 참여하는 과정을 통해 해양환경에 대한 인식 제고와 지속 가능한 도시 발전에 대한 공감대를 형성하는 효과까지 거두고 있다고 한다. 이는 단순한 오염 제거가 아니라, 자연생태가 가진 복원력을 활용해 수질 개선과 해양생태 회복, 시민 참여형 교육·경제 효과까지 누리는 전형적인 자연기반 해법 사례로 주목받고 있다.

Ocean A
Supercv

CHAPTER 6

해양행동의
슈퍼사이클

앞으로 다음 세대까지 해양행동은 초장기 상승을 맞이하게 될 것이라고 생각한다. 즉 앞으로 20년 이상 장기적인 상승세가 이어질 것이라는 점에서 경제용어를 빌려 해양행동의 '슈퍼사이클'을 전망해본다. 다른 경제 현상과 마찬가지로 이러한 장기 상승은 정부가 기획하거나 주도할 수 없다. 지금까지 정부 당국과 국제기구 등이 초기적인 연구 분석과 다양한 국제협력사업의 마중물을 제공해왔으나, 이제는 시민사회와 기업이 주도하면서 지속적이고도 상승 탄력이 높은 사이클을 그리게 될 것이라고 전망한다.

지난 10여 년간의 흐름을 통해 전 지구적인 해양변화에 대응한 다양한 실천, 즉 해양행동이 국제사회에서 정착하고 성장하고 있음을 국제협약과 국제기구 등 정부 간 활동에서부터 다양한 NGO 등 글로벌 시민사회뿐 아니라 기업 활동에서까지 발견되고 있음을 입증하고자 했다. 여기에 다음에 소개할 거시적 문명 발전의 관점을 더하여 이 트렌드는 앞으로 10년이 아니라 세대를 넘어서 계속될 메가 트렌드가 될 것이라는 예측을 감히 해본다.

수년 전부터 부동산 시장 등 각종 미래 경제사회를 전망하는 이들이 '정해진 미래'라는 표현을 사용하는 것을 듣게 된다. 물가, 고용, 환율, GDP 등은 저마다의 관점에 따라 다르게 예측하고 해석할 수 있지만, 인구 통계, 즉 출생과 사망 등 지표는 속일 수도 없고 그 흐름이 급격하게 바뀌지도 않기 때문에 인구 통계에 기반한 사회변화는 '정해진 미래'라고 회자되고 있다.

해양행동에도 이런 관점을 빌려오면 어떨까. 해양과 인류의 관계에서 앞으로 변하지 않을 것 같은 거대한 흐름에 기초하여 미래를 전망해보는 것이다. 그러한 관점에서 볼 때 앞으로 다음 세대까지 해양행동은 초장기 상승을 맞이하게 될 것이다. 즉 앞으로 20년 이상 장기적인 상승세가 이어질 것이라는 점에서 경제용어를 빌려 해양행동의 '슈퍼사이클'을 전망해본다.

다른 경제 현상과 마찬가지로 이러한 장기 상승은 정부가 기획하거나 주도할 수 없음을 설명하고자 한다. 지금까지 정부 당국과 국제기구 등이 초기적인 연구 분석과 다양한 국제협력사업의 마중물을 제공해왔으나, 이제는 시민사회와 기업이 주도하면서 지속적이고도 상승 탄력이 높은 사이클을 그리게 될 것이다.

정해진
미래

인류가 바다에서 지난 수천 년간 어떤 활동을 해왔는지 크게 한번 분류해보자. 엄밀한 조사를 통해서 분류하지 않더라도 직관적으로 떠올려보는 것만으로도 충분하다고 생각한다. 다음과 같이 여섯 가지로 분류하면 거의 전체 활동을 포괄할 수 있지 않을까.

- 수산 및 어업
- 해상교통 및 운송
- 연안 개발과 해양관광
- 국방 및 안보
- 해저자원과 에너지 개발
- 연구와 관측 그리고 기후변화 대응

이 여섯 카테고리별로 과거와 비교해 인간의 해양활동 규모와 양이 어떻게 될까 상상해보자. 수산과 어업 활동에 대한 전망은 다소 불분명할 것 같다. 현재는 역사상 아마도 전 세계적으로 어선이 가장 많은 시대일 것이다. 그만큼 어업활동이 활발한데, 그 결과 남획으로 인해 미래에는 물고기가 줄어 어업활동은 감소할 수도 있겠다. 이미 전 세계적으로 잡는 어업 생산량은 정체된 반면, 기르는 어업(양식) 생산량이 크게 증가하는 흐름이 자리 잡은 지 오래다.

해상교통·운송은 지속적인 증가가 예상된다. 단적으로 세계무역이 감소하지 않는 한 해상운송은 비례해서 증가할 수밖에 없다. 앞서도 설명했지만, 물품 운송을 할 때 어떠한 운송수단이 발달한다 해도 해상운송을 대체할 방법은 앞으로도 없을 것이다. 이를 뒷받침하는 통계로서 종류를 불문하고 전 세계의 선박량은 급격히 증가하고 있다.

연안 개발과 해양관광은 어느 부문보다도 급속하게 증가하는 분야다. 지구상 인구의 50%가량이 해안에서 100킬로미터 이내 지역에 거주하고 있으며, 점점 증가하고 있다. 아울러 세계적으로 관광인구의 증가율은 경제성장률을 상회하는데, 그 절반이 해양관광임을 어림잡아볼 때 요트, 다이빙, 낚시 등 해양레저의 종류도 더 다양해지고 이 흐름은 지속될 것으로 보인다.

국방 및 안보에 대해서는 다소 논쟁적일 수 있겠으나, 최근 국제정세를 보면 미국과 중국을 비롯해 많은 나라가 해군력 증강에 힘쓰고 있다. 따라서 그 어느 때보다도 빠르게 해양

활동이 증가하지 않을까 조심스럽게 내다본다.

자원 및 에너지 개발과 관련해서는 이미 해저 개발이 많이 진행됐는데도 이제 시작에 불과한 것이 아닐까 한다. 현재도 전 세계의 원유와 가스 생산량의 20%를 바다에서 생산하고 있으나, 새로운 유전은 육상 개발보다 해저에서 나올 가능성이 높다고 볼 때 그러하다. 그리고 해상풍력 개발의 속도가 폭발적이고, 이미 전통적 원유·가스 개발보다 훨씬 많은 작업을 해상에서 하고 있어 앞으로 가장 크게 증가할 분야가 될 것이 분명해 보인다. 게다가 해저광물 개발까지 상업적으로 시도될 가능성도 상당하다.

여기에 추가하여 초연결사회, AI가 본격적으로 활용되는 시대를 살아가면서 정보통신 케이블과 데이터센터의 수요도 지속적으로 증가하고 있다. MS 및 구글, 아마존 등은 이미 해저 데이터센터와 관련한 프로젝트 테스트를 완료했다고 한다. 에너지 확보, 냉각 문제 등으로 인해 해저 데이터센터의 유용성이 앞으로 높아질 것으로 보인다. 해저가 아니더라도 이러한 이유로 연안지역의 개발 부담은 점점 가중될 것이라는 점 역시 쉽게 예상할 수 있다.

그리고 연구, 관측, 기후변화와 관련해서 역시 어느 때보다 각국 연구자의 해상활동이 빈번해지고 있을 뿐 아니라, 무

✤ 세계 해저케이블 설치 현황
　출처: Telegeography(https://submarine-cable-map-2023.telegeography.com)

인화한 장비의 활동까지 급격하게 증가할 것으로 예상된다.

이처럼 어느 부문을 보든지 인류의 해양 활용 범위와 규모가 크게 증가할 것이 분명해 보이고, 그만큼 해양에 파급되는 영향이 커질 것이다. 이에 따라 해양행동의 범위와 종류도 더 다양해지고 광범위한 협력이 필요할 것으로 생각할 수 있다.

여기에 추가하여 기술 발달까지 함께 고려할 경우 더욱 다양하고 심화된 해양활동이 깊고 멀리까지 전개될 것임을 전망하고, 그에 따라 국제사회에서 '해양행동'이 왜 더욱 중요해질 수밖에 없는지를 따져보자.

망간단괴, 희토류, 금속광물 등이 풍부한 심해저 광물자원 채굴(Deep-Sea Mining)에 대한 관심이 계속 확대되고 있다. 기술 발전으로 수천 미터 이상 깊은 바다에서 자원 탐사가 가능해지고, 이미 일부 기업과 국가가 시험 채굴을 시작했다. 막대한 경제적 가치가 예상되지만, 생태계 파괴·해저 퇴적물 확산 등 부정적 영향이 동시에 우려되므로 앞으로 심해생태계 보전과 국제규범 정비가 긴급한 과제가 되는 등 해양행동의 주요 의제가 될 것이다.

해양생물에서 의약품, 식품, 바이오연료 등 새로운 소재를 개발하고자 하는 R&D 투자가 증가하고 있다. 미개척 심해생물군에 대한 탐색이 활발해지면서 자원의 '보존과 개발' 사이의 균형이 첨예한 이슈로 대두되고 있다. 앞으로 공해상 생물다양성협약(BBNJ)의 후속 규정 마련 등 지속 가능한 채취 가이드라인, 연구 및 공유 규범 마련 필요성이 증대될 것이다.

수중로봇과 무인잠수정(Remotely Operated Vehicle, Autonomous Underwater Vehicle 등)을 이용한 해양자원 탐사 및 개발, 해양조사, 해양공학 프로젝트가 늘어날 것이다. 또한 드론, 위성, 해양 센서 네트워크 등으로 광범위한 해양 데이터가 실시간 분석되며, 해양활동 전반에 적용될 것이다. 데이터 기반의 '정밀 해양활동'이 가능해지면서 해양환경에 대한 모니터링과 정보 보안 및 정보 이용에 대한 규제도 치밀해져야 할 것이다.

해상풍력, 파력, 조력 등 재생에너지가 '블루 이코노미'의 핵심 분야로 부각되고, 부유식(浮遊式) 해양도시, 해저 터널, 해상 농장 등 인프라 개발 시도도 점차 늘어날 수 있다. 대규모 해상 인프라 건설 및 운영 과정에서 환경영향평가, 규제협의, 국제협력이 필연적으로 요구될 것이다.

게다가 기술 발달에 따라 인간의 해양활동 영역이 계속 확장될 것이다. 원양활동 및 극지방 진출이 확대될 것인데, 북극해 해빙(海氷) 감소로 북극항로(NEP, NWP, TSR 등) 개방 가능성이 높아져 해상운송 활성화 등이 전망된다. 남극 주변 해역에서도 어업, 생물자원 연구, 관광 등 상업적 관심이 커지고 있어 취약한 극지생태계 보호와 광범위한 국제해양법 적용 문제가 결합하면서 해양행동의 중요성이 더욱 부각될 것이다.

해양관광·레저·스포츠의 대중화로 스쿠버다이빙, 서핑, 크루즈관광, 요트산업 등 글로벌 해양레저 시장이 지속적으로 확장될 것이다. 해양환경에 대한 부담이 커지는 동시에 대중의 바다에 대한 관심이 더 높아지며 해양행동에 대한 후원과 참여가 증가할 수도 있다.

해양행동의 핫스폿
(주요 테마)

무엇보다도 플라스틱쓰레기 등 해양오염과 산성화, 산호초 백화 등으로 인한 해양생태계 위협은 이미 심각한 수준이다. 수심이 깊고 넓은 바다일수록 피해 파악이 어렵고 회복이 더디므로 심각하게 파괴되기 이전에 '예방적'인 규율 제정 등을 위한 해양행동이 필요하다.

특히 심해저광물 채굴, 해양 신재생에너지, 블루 바이오테크 등 해양활용의 경제적 이익이 커지면서 다양한 주체(국가,

기업, 지역사회)가 경쟁적으로 진출하며 환경 피해 비용, 이익 분배 문제, 적절한 로열티나 배상 방안 마련 등을 둘러싼 갈등이 확대될 전망이다. 따라서 경제개발과 환경보호, 사회공익 등 다양한 이익을 균형 있게 추구하는 '책임 있는 해양행동(Responsible Ocean Action)' 모델이 개발되어야 한다. 또한 심해 로봇 등 첨단 기술 활용이 환경파괴 위험과 함께 군사적·안보적 우려를 유발할 수도 있다는 점을 고려해야 할 것이다.

기후변화가 가속화함에 따라 해양의 완충 역할이 더 중요해질 것이다. 해양이 온실가스를 상당 부분 흡수하는 대가로 산성화와 생태계 변화가 가속화되고 해수면 상승, 해안 침식, 해양생태계 붕괴 등은 연안지역 거주민과 해양산업에 직접적인 위협이 될 것이다. 따라서 기후위기 시대에 해양을 보호하고 회복탄력성을 유지하는 것이 곧 인류 안보, 식량 안보, 기후 안정화와 직결되므로 해양행동이 생활 전반에서 부각될 것이다.

해양문제는 어느 한 국가의 권리와 책임으로 해결할 수 없는 복잡한 글로벌 거버넌스 문제라고 할 수 있다. 자원 개발, 오염 규제, 어업 관리, 선박 안전운항 등 다양한 이해관계가 서로 충돌하거나 중첩되므로 기존 국제협약을 비롯해 플라스틱 협약 등 신규 규범 개발을 통해 '조정'과 '이행'을 실현하기 위한 해양행동이 더욱 중요해질 것이다.

그런 점에서 노르웨이의 경우 국가적으로 '블루 이코노미'를 추구하면서 글로벌 거버넌스를 가장 선진적이고 성공적으로 구현하고 있는 것으로 보인다. 산업, 제도, 시민사회 활동이 국제사회에서 균형 있는 리더십을 발휘하는 사례라는 생각이 들었다. 바이킹의 후예인 노르웨이는 이미 전통적인 해운 선박 강국으로, 선박 보유량 세계 5위권의 세계적인 선급과 선박금융을 자랑하는 나라다. 그런데 내가 워싱턴에서 체험한 노르웨이는 과거 북해 유전 개발 경험과 연어 양식 플랜트의 노하우를 해상풍력 설치, 운영 기술로 승화시켜 세계 해상풍력 시장의 표준을 리드하려는 적극적인 모습이었다. 대사관 차원에서도 투자무역부의 가장 우선순위가 바다와 연관된 해운, 선박, 수산양식, 해상풍력, 해상플랜트 산업으로, 이와 관련해 워싱턴에서 가장 활동적인 모습을 보였던 것으로 기억된다. 아울러 노르웨이 정부와 시민사회는 월드뱅크 프로블루 같은 해양펀드의 설립과 운영에 참여하는 등 해양행동에서도 뚜렷한 존재감을 발휘하고 있다.

노르웨이가 보여주는 것처럼 앞으로의 해양행동은 단순한 해양보호 캠페인을 넘어 자국의 산업과도 조화되는 '거버넌스 수립, 규범·제도 정비, 기술·정보 공유, 시민 참여, 책임 투자' 등을 총망라하는 통합적 차원으로 발전해야 한다. 그리고 심해까지 확장되는 다양한 해양행동 방안 모색 가운데 우리나라가 가진 기술력(IT, 로보틱스, 조선, 해양에너지 등)과 노하우를 접목할 수 있는 풍부한 기회에 대해서도 우리 기업과 연구진이 다각도로 활용할 구상이 필요하다고 생각한다.

누가 해양행동을 주도할 것인가?

해양의 지속가능성을 위한 활동이지만, 그 활동의 지속가능성도 매우 중요하다. 전 지구적인 해양문제 해결 내지 진전을 위해서는 단기간에 효과를 볼 수 있는 일이 거의 없다. '지속 가능한 해양행동'이어야만 변화를 현실화할 수 있다. 해양행동을 대중에게 소개하는 초기 단계에서는 정부와 국제기구의 역할도 효과적이지만, '지속 가능한 해양활동'을 실현하기 위해 현장에서 직접 행동하고 혁신하며 가치를 창출하는 주체는 민간 부문, 즉 기업과 시민사회일 수밖에 없다.

　게다가 글로벌 정치 지형이 급격하게 달라지는 상황에서 기후변화와 해양변화에 대한 각국의 정책 환경이 지난 10여

년과는 사뭇 달라질 수 있음을 감안하면, 앞으로는 더더욱 기업과 시민사회의 역할과 리더십이 중요해질 것으로 예상된다. 앞으로 실현 가능성이 높은 해양행동의 모델은 정부의 규제와 보조금 등에 의존하기보다 민간의 자발적인 협력을 중심으로 시도되는 형태가 될 것이다.

지금까지의 다양한 글로벌 합의, 규제도 당국자 사이에서 논의되기 이전에 오랜 기간 학계, 연구자, 시민사회 전문가 집단 등 민간에서의 활발한 논의를 바탕으로 형성되어왔다는 점을 잊지 말아야 한다. 문제를 제기하고 분석하는 것에서 대안 모델을 마련하는 것에 이르기까지 다양한 사례가 민간 차원의 학술적, 친선 교류를 통해 축적되면서 국제적 어젠다로 형성되어간다. 이러한 모습을 2023년 파나마 '아워 오션 콘퍼런스'에서 확인할 수 있었다.

국제사회에서는 이미 유엔 해양총회, 유엔 기후변화 당사국회의, 아워 오션 콘퍼런스, 세계경제포럼 등 주기적인 해양 관련 연례회의가 정립됐다. 이러한 계기를 통하여 정부 당국자뿐만 아니라 민간의 전문가 집단이 매년 수차례 만나 심도 있게 의제를 발전시켜 나가고 있다. 이들 회의는 이제 단발성 이벤트에 그치지 않고, 해마다 같은 목적하에 개최됨에 따라 기존의 논리와 전략, 해결 방안이 지속적으로 보완되고 발전하며 실행력이 강화되는 양상을 보이고 있다.

회의마다 각 분야 전문가, 정책결정자, 민간 부문 대표가 모여 심도 있는 토론과 정보 공유를 진행함에 따라 기존의 해양보호 전략과 실행 방안이 현실적이고 구체적인 정책으로 발전해왔다. 초기의 개괄적 목표에서 벗어나 기후변화, 해양생태계 복원, 지속 가능한 어업 관리 등 세부 분야별 맞춤형 전략이 도출되고 있다. 연례회의에서는 각국의 사례 발표와 성과 공유를 통해 성공적인 정책과 실행 모델이 다른 국가 및 기관에 전파된다. 국제기구, NGO, 기업, 시민사회 등이 한데 모여 논의하는 장은 단순한 정보 전달을 넘어, 실질적인 협력 관계를 구축하는 데 기여한다. 이러한 네트워크는 해양 관련 문제에 대해 다각적 접근과 공동 대응을 가능하게 하며, 국제적 연대와 협력 체계를 공고히 하는 역할을 한다.

각 회의에서는 해양 관리에 필요한 다양한 분야의 전문지식이 통합되어 보다 체계적이고 종합적인 해양 거버넌스 모델이 제시되고 있다. 이는 단편적인 정책이 아니라 기후, 에너지, 산업, 환경 등 여러 분야가 상호 보완하는 통합적 접근 방식을 마련하는 데로 나아가고 있다. 그리고 디지털 기술, 빅데이터, 인공지능 등 신기술의 발전도 능동적으로 접목하며 정책의 실효성을 높이고, 해양생태계 보호 및 자원 관리에 있어 더 정확한 데이터 기반 의사결정을 가능하게 한다. 아울러 단순한 환경보호를 넘어, 해양자원의 지속 가능한 이용과 경제적 가치 창출, 즉 블루 이코노미가 중요한 과제로 부각되고 있다. 연례회의에서는 환경보전과 경제발전을 동시에 추구할 수 있는 비즈니스 모델과 협력 방안이 지속적으로 논의되며, 이를 통해 해양 분야의 혁신적 발전이 촉진되고 있다.

이제 우리나라도 국가 간 의제에 적극적으로 대응하는 것을 넘어 문제가 당국자 간에 부상하기 이전부터 이런 민간 차원의 활동에 긴밀하게 참여하면서 형성 과정을 주도할 수 있어야 한다. 당국자 회의를 넘어 수많은 국제사회의 민간 참여자와 우리나라 해양행동가들이 연결하며 협력의 기회를 찾는 선진적인 형태로 발전해야 할 것이다. 이러한 민간 네트워크를 바탕으로 국내외 전문가와 기업, 시민사회가 함께하는 협의체를 구성하고 정기적인 정보 교류 및 협력 방안을 모색하는 것이 바람직하다. 이를 통해 우리나라의 해양정책과 기술이 국제 표준에 부합할 뿐 아니라, 글로벌 네트워크 내에서 주도적 역할을 수행할 수 있을 것이다.

2015년 미국 델라웨어대학에서 유학하던 당시 해양정책 과정 중에서 유엔 해양법과(DOALOS)에서 주관한 세미나에 참여한 적이 있었다. 공해상 생물다양성협약(BBNJ)을 제정하기 위한 연구를 수년간 진행하고 있음을 알았다. 앞으로 '공해상 생명다양성 이슈가 부상하겠구나'라고 생각하며 그다음 해 귀국했다. 이후 해양수산부 내에 이 업무를 담당할 부서도 신설되고, 2023년에는 국제협약으로 체결되기에 이르렀다. 이런 사례를 돌이켜보면 앞으로 글로벌 해양행동에 뒤처지지 않고 선도하는 나라가 되려면 당국 간의 회의에 한 단계 선행하여 진행되는 학계와 시민사회 등 민간 차원의 다양한 협력 사업에 일찍부터 참여하는 유연한 접근이 중요하다고 생각한다. 이러한 관점에서 폭넓게 다양한 산업과 학계 전문 분야, 지역 활동가들의 활동에 우리 정부도 더 관심을 가지고 협력하는 것이 슈퍼사이클을 제대로 준비하는 것이라고 제안한다.

해양산업(해운, 어업, 관광, 석유·가스, 광물 채굴, 해양생물 소재 등)은 이미 전 세계 GDP에 큰 비중을 차지하고 있으며, 계속 증가할 전망이다. 동시에 해양오염 문제의 상당 부분(플라스틱 폐기물, 선박 배출 가스, 불법조업 등)은 기업 활동과 직결되어 있다. 따라서 기업이 변화하지 않으면 해양문제 해결이 근본적으로 어렵다.

때마침 최근 글로벌 금융시장에서 ESG(환경·사회·지배 구조)가 투자 의사결정의 핵심 요인으로 부상했다. 이에 따라 기업은 제도적으로도 해양오염 저감, 지속 가능 어업, 해상물류

탄소 배출 감소 등 구체적 프로젝트를 통해 '해양' 부문의 환경적·사회적 가치를 제고하려고 노력해야 하는 구조가 마련된 것이다.

이미 앞선 대기업, 벤처캐피털, 스타트업 등에서는 '해양테크(Blue Tech)' 시장에 관심을 보이고 있다. 친환경 선박, 해양쓰레기 수거와 재활용, 해양바이오, 스마트 어업 등에서 실질적인 혁신을 이루어내기 위해서 기업의 주도적인 R&D 투자와 신기술 도입이 절실하다. 아울러 글로벌 대기업의 구매력을 통해 공급사슬에 걸친 혁신기술 개발과 도입도 매우 중요하다(First Mover Coalition).

해양행동에는 현장성과 자발성이 중요하다. 대부분의 해양문제에는 지역사회, 어민, 산업체 등 다양한 이해관계자 간 의견 조율과 협조가 매우 중요하다. 시민사회(지역사회, NGO, 자원봉사 단체 등)가 주도하여 해안·섬 지역, 지역 어민 커뮤니티와 긴밀히 협업함으로써 해당 지역의 문제를 맞춤형으로, 그리고 효과적으로 해결할 수 있다.

해양보호구역이나 연안 재생 프로젝트에서 NGO가 갈등 중재와 '협의체' 운영을 주도해 성공적인 합의를 도출하는 방향이 자리 잡아가고 있다. 그리고 방대한 지역에 산재한 해양문제는 현장에 주재하는 시민의 참여와 감시, 견제가 있어야만 제대로 인지하고 파악하여 해결에 접근할 수 있다. 아울러 해양행동에 지역사회의 지속적인 참여와 지지를 이끌어내기 위해 다양한 캠페인과 교육활동 등을 자발적으로 수행하는 것이 중요하다.

그래서 국제기구도 기업과 시민사회를 통한 성과 도출을 중시하여 각종 오션 콘퍼런스에서는 기업·NGO의 '자발적 공약'을 강조하고 있다. 세계은행, GEF 등 국제 재원도 민관협력(PPP, Public and Private Partnerships) 방식으로 사업을 추진함으로써 직접적, 가시적 결과를 만들어내고자 주력하고 있다.

정부와 국제기구가 해양행동의 '틀과 방향'을 제시한다면, 기업과 시민사회는 그 틀 안에서 실질적이고 창의적인 행동을 주도함으로써 문제 해결에 더 크게 기여할 수 있다. 거대한 자본과 혁신 기술을 보유한 기업 그리고 현장성을 기반으로 한 감시·캠페인·교육 역량을 갖춘 시민사회가 함께 움직일 때야말로 해양오염·기후위기·어업 남획 등 복잡다단한 해양문제를 해결할 수 있는 토대가 마련될 것이다.

'글로벌 IT 기업의 해양 활용 사례'에 대하여

인공지능(AI) 시대를 맞이하여 앞으로 더욱 증가할 해양 이용 가능성을 보다 구체적으로 전망하기 위해 마이크로소프트(Microsoft), 구글(Google), 메타(Meta), 아마존(Amazon) 같은 글로벌 IT 기업이 해저 또는 해상 데이터센터, 해양에너지 및 해수 냉각 활용 등을 테스트해 온 사례를 소개한다.

클라우드 서비스와 AI, 빅데이터가 폭발적으로 성장하면서 대형 IT 기업은 전 세계 곳곳에 대규모 데이터센터를 구축하고 있다. 데이터센터는 막대한 전력과 냉각자원을 필요로 하는데, 온실가스 배출과 환경 훼손이 동시에 우려된다. 따라서 해상이나 해저 등 차가운 자연환경을 이용하거나 해양에너지를 활용해 친환경적이면서도 비용 효율적인 모델을 찾으려는 움직임이 나타나고 있다.

바다를 활용할 경우 크게 세 가지 이점을 기대할 수 있다. 첫째, 바닷물 온도가 비교적 낮기 때문에 냉각에 필요한 에너지를 절감할 수 있다. 둘째, 해상풍력, 파력, 조력 등 해양에너지를 직접 활용하면 재생가능 전력을 확보하기 쉽다. 셋째, 육상 부지를 절약하면서 해상 플랫폼을 통해 확장하기가 쉽다.

✚ 마이크로소프트의 해저 데이터센터 실제 해역 실험
출처: https://news.microsoft.com/source/features/sustainability/project-natick-underwater-datacenter

물론 해상·해저 시설은 초기 투자비가 크고 해양생태계 영향을 고려해야 하는 등 난관이 존재한다. 그런데도 '미래 데이터센터 혁신' 관점에서 많은 기업이 시범 프로젝트를 진행해왔다.

마이크로소프트: 해저 데이터센터(프로젝트 네이틱)

가장 대표적인 사례로 마이크로소프트는 2015년에 처음 아이디어를 발표하고, 2018년에 스코틀랜드 북부의 오크니제도(Orkney Islands) 근처 해저에 시범 데이터센터를 설치했다(Project Natick). 원통형 금속 구조(길이 약 12m)를 바닥에 고정한 후 해안으로부터 해저 케이블을 연결해 전력과 데이터 전송을 지원했으며, 전자동으로 운영했다.

해저 깊은 곳의 낮은 수온을 활용해 서버 온도를 자연스럽게 낮추고, 별도의 냉각 인프라를 최소화했고, 해당 지역에서 생산되는 해상풍력, 조력 등 재생에너지를 통해 운영할 수 있도록 설계했다. 염분·수압·생물 부착 등 해양환경에서 데이터센터가 얼마나 안정적으로 작동하는지, 하드웨어 고장률은 어떻게 변화하는지를 테스트했다.

2020년 회수된 후 MS 연구진은 서버 고장률이 육상 대비 훨씬 낮았다고 발표했다. 수분, 먼지 등 오염원이 거의 없는 밀폐된 해저 환경이 의외로 서버 안정성에 유리했다는 분석이다. 동시에 스코틀랜드 해양생태계에 미친 영향도 크게 없었다고 보고했으나, 장기적·대규모 상용화 시 해저 운송, 설치비, 확장성, 유지보수 접근성 문제 등에 대해 추가적인 연구와 고려가 필요해 보인다.

구글: 해상 냉각과 재생에너지 활용

구글은 해상이나 해저에 직접 데이터센터를 설치하기보다는 바닷물 냉각과 해양 재생에너지 활용에 집중해왔다. 2009년 핀란드 하미나(Hamina) 지역의 옛 종이공장을 매입해 바닷물을 직접 끌어와 데이터센터 냉각수로 사용하는 독특한 시스템을 구축했다. 수심이 깊고 차가운 핀란드만의 바닷물을 열교환기로 돌려서 외부 공기 냉각이나 화석연료 기반 냉각보다 에너지를 훨씬 적게 소모하게 했다.

아일랜드, 독일, 벨기에 등 북해 인접 국가의 해상풍력 전력을 구글 데이터센터에 공급하는 장기 계약을 체결하기도 했고, 2030년까지 전 세계 데이터센터를 완전한 '탄소 무배출' 상태로 운영하겠다는 목표 아래, 해양에서 생산되는 전력을 꾸준히 확보하고 있다.

구글은 아직 '해저 캡슐형 데이터센터' 같은 극단적인 실험은 하지 않았지만, 육상에서 바닷물 냉각수와 해상풍력을 적극 도입함으로써 해양 활용을 선도하는 전략을 펼치고 있다.

메타: 해저 케이블과 자연 냉각 중심의 이용 방안

메타는 스웨덴 룰레오(Luleå), 덴마크 오덴세(Odense) 등에 대규모 데이터센터를 세우며, 북유럽의 차가운 기온과 바다·강 등의 수자원을 이용하는 방안을 연구해왔다. 구체적으로 해상·해저 설치보다는 '차가운 기후+물 자원'을 활용한 자연 냉각 중심으로 효율을 높이고 있다.

해저 데이터센터보다는 해저 케이블(인터넷 광케이블)에 막대한 자금을 투자한다. 예컨대 아프리카 해안과 유럽을 연결하는 해저 케이블 '2아프리카(Africa)' 프로젝트에 참여하고, 해상 통신망 확장에 주도적인 역할을 수행 중이다. 이 과정에서 해양생태계 영향 평가, 시공 기술 안정성 등을 검토하며, '책임 있는 해양 활용'을 지향한다는 입장을 밝혔다.

아마존: 데이터센터 냉각수로 해수나 강물 이용

아마존은 거대 클라우드 서비스(AWS)를 운영하며 북미·유럽·아시아 곳곳에 데이터센터를 보유하는데, 해상풍력발전과 전력구매계약(PPA)을 체결하는 방식으로 해양 재생에너지를 공급받고 있다. 해상풍력을 통해 전력 공급 안정성을 높이고 자사 데이터센터 탄소 배출을 줄이려는 전략이다.

아울러 구글·메타처럼 북유럽, 캐나다 등 차가운 기후나 바다 인접 지역에 데이터센터를 건설할 때 해수나 강물을 냉각수로 쓰는 방안을 연구·시행 중이다. 아직 해저 설치에 관한 공개된 대규모 시범사업은 없지만, 향후 연안부지 혹은 부유식(Offshore) 시설 검토 가능성이 거론되고 있다.

'노르웨이 해양산업의 핵심 전략'에 대하여

국가 차원에서 해양산업을 국가경제의 중추 산업으로 육성하며 국제사회에서 바다를 지속 가능하게 이용하여 견고한 경제성장을 달성하는 블루 이코노미의 모델을 보여주는 노르웨이 정부의 역할을 보다 구체적으로 소개한다.

노르웨이는 오랜 해양국가로서 풍부한 어족자원과 해상교통 인프라를 바탕으로 해운, 선박 건조 및 수산업을 국가경제의 중추로 발전시켜왔다. 이러한 전통산업은 국가의 경제적 정체성을 형성하고, 국제무역에서 노르웨이의 입지를 강화하는 역할을 수행했다.

21세기에 들어 세계가 자원 고갈, 기후변화, 에너지 전환 등의 새로운 도전에 직면하자 노르웨이는 전통산업의 한계를 극복하고 지속 가능한 발전 동력을 마련하기 위해 정부 차원에서 기존 해양산업의 혁신 전략을 추진했다.

그 결과 노르웨이는 연어 양식으로 대표되는 첨단 수산업에서 세계 최고의 기술과 경쟁력을 자랑하고 있다.

통상산업수산부와 노르웨이 수산청(Directorate of Fisheries)은 친환경적이고 위생적인 양식 기준을 마련하고, 국제시장에서 경쟁력 있

연어 양식장, 노르웨이

는 품질 보증 체계를 확립했다. 이로 인해 노르웨이산 연어는 고품질 프리미엄 제품으로 세계시장에서 인정받고 있다. 정부는 첨단 자동화 기술, 질병 관리 시스템, 사물인터넷(IoT) 기반 모니터링 기술 등 혁신 기술 개발에 대한 지원을 통해 연어 양식의 효율성과 지속가능성을 크게 향상시켰다. 노르웨이 식품안전청(Norwegian Food Safety Authority)과 통상산업수산부는 엄격한 위생 기준과 품질 관리를 통해 노르웨이산 수산물의 국제 경쟁력을 확보했다.

노르웨이는 해양 원유자원 개발에서도 첨단 기술과 안전 관리 체계를 결합하여 선도적 위치를 확보하고 있다. 통상산업수산부와 석유·에너지부 그리고 노르웨이 석유국(Norwegian Petroleum Directorate)은 최신 센서, 로봇 및 인공지능 기술을 도입해 해저 지질 구조를 정밀하게 파악하고, 안전하고 효율적인 시추 작업을 위한 규제 체계를 마련했다. 정부 지원 R&D 프로젝트를 통해 실시간 데이터 모니터링과 자동화 시스템을 도입함으로써 시추 비용 절감과 함께 작업 효율성이 대폭 향상됐다.

노르웨이는 풍부한 해상자원과 안정적인 기상 조건을 활용하여 해상풍력 분야에서도 세계적 경쟁력을 갖춘 신재생에너지 기술을 발전시켰다. 통상산업수산부와 석유·에너지부, 수자원·에너지청(Norwegian Water Resources and Energy Directorate)은 해상 특성에 최적화된 구조물 설계, 부유식 플랫폼 및 스마트 설치 기술 개발을 지원하여 안전하고 효율적인 풍력발전 시설을 구축하는 데 주력했다. 원격 모니터링, 자동화 유지 보수 로봇, ICT 기반 관리 시스템 도입을 통해 운영 효율성과 안정성을 크게 향상시켰다.

노르웨이 해사청(Norwegian Maritime Authority)과 함께 통상산업수

산부는 또한 전통적인 해운, 선박, 금융 부문을 고도화하여 해양안전, 친환경 선박 설계와 건조 기술에서도 세계적인 경쟁력을 유지하고 있다.

노르웨이가 장기간에 걸쳐 변화되는 시장 환경에 적응하며 굳건히 성장을 지속하고 있는 이유는 무엇일까. 그것은 전통적으로 강점이 있던 해양산업과 연관이 높은 분야에 통상산업수산부 중심으로 정부 부처 및 공공기관과 기업이 집중 투자하고 긴밀하게 협력한 덕분에 가능했던 것으로 보인다. 이들은 국제시장의 수요와 국제사회의 환경, 규제 흐름을 선도하는 품질, 안전 기준과 혁신기술 개발 정책으로 산업 전반의 질적 향상과 경쟁력 제고를 도왔다. 아울러 다자간 무역협정 체결과 국제협력 프로그램을 통해 노르웨이산 첨단 제품 및 기술의 해외 진출을 적극 지원하고 있으며, 이는 국가 무역정책에서 통상산업수산부가 수행하는 핵심 역할 중 하나다.

Proposa
Next
Generat

CHAPTER 7

다음 세대를 위한 제안

다음 세대까지 해양행동의 슈퍼사이클을 전망했지만, 그 여정은 평온하고 잔잔하지는 않을 것이다. 해양을 둘러싼 경쟁과 갈등의 방향이 아니라, 다음 세대가 평화롭고 조화로운 방향으로 바다를 누릴 수 있도록 전 세계 해양행동 공동체가 다음과 같은 목표를 분명히 설정하기를 제안한다.

다음 세대까지 해양행동의 슈퍼사이클을 전망했지만, 그 여정은 평온하고 잔잔하지는 않을 것이다. 이미 우리가 경험하는 것과 같이 기후변화가 심화됨에 따라 바다에서의 극심한 기상현상이 잦아질 것이고, 수온이 상승하고 해류가 달라지고 해수가 산성화되면서 해양의 생태계 변화도 예측할 수 없이 벌어질 가능성이 높다. 한편 인류의 해양활동이 기술 및 산업 발달과 더불어 더 멀고 깊은 바다까지 나아가고 있어 이제는 망망대해 같던 곳에서도 더 자주 국가 간에 마주칠 가능성이 높아질 것이다. 이는 서로의 정치경제적 이익의 기회와 연결되어 소통과 협력만이 아니라 경쟁과 갈등으로 이어질 가능성도 높아짐을 우려하게 한다.

    다음 세대에는 해양을 둘러싼 논의와 활동에 대한 압력이 더 증가할 것인데, 해양을 둘러싼 경쟁과 갈등의 방향으로 치닫지 않도록 해양행동이 과속방지턱의 역할을 할 수 있기를 소망한다. 다음 세대가 평화롭고 조화로운 방향으로 바다를 누릴 수 있도록 전 세계 해양행동 공동체가 다음과 같은 목표를 분명히 설정하기를 제안한다.

바다는 우리 세대와 다음 세대를 잇는 공유의 자산

인류 문명이 시작된 이래 바다는 우리 삶을 풍요롭게 하는 터전이면서도 많은 변혁과 갈등의 장이기도 했다. 사실 최근 들어 기후변화, 오염, 과잉 개발, 영토 분쟁 등 복합적인 위협이 국제사회에서 공감되면서 해양행동 공동체가 형성되기까지 했지만, 앞으로 이런 갈등이 표면화되면서 국가 간 대립과 경쟁으로 흐르지 않도록 각별한 유의가 필요한 시점이다.

　우리가 지금 이 순간 바다에 잠재되어 있는 요인들을 소홀히 한다면 결국 미래 세대가 감당하기 어려운 부담을 떠안게 될 것으로 우려된다. 생물다양성 상실과 해양생태계 붕괴,

해수면 상승에 따른 연안지역 침수, 자원 고갈로 인한 국가 간 갈등 격화 등은 단순히 해양을 넘어 지구 생존과 직결된 문제다. 동시에 기회도 분명 존재하여 바다의 풍부한 자원과 장대한 가능성이 더욱 크게 평가되고 있다. 해양 기반 재생에너지, 수산자원, 심해저광물, 해양바이오 연구 그리고 관광·문화산업에 이르기까지 바다는 인류가 미래에도 지속 가능하게 공존할 수 있는 여력을 제공할 수 있다.

핵심은, 지금 우리 세대가 어떤 태도로 바다를 대하고 미래를 설계하느냐다. 역설적으로 냉전의 시기에 유엔해양법의 기초가 놓였다는 것을 희망의 이유로 삼을 수 있지 않을까. 물론 그때는 해양으로부터 기대할 수 있는 이익이 지금처럼 가시적이지 않아서 지금보다 더 먼 시야를 가지고 협의할 여지가 있었는지도 모른다. 하지만 그동안 축적한 글로벌 시민사회의 해양행동이 그러한 갈등을 회피하고 완화하는 방향으로 기여하도록 스스로 더욱 책임을 부여할 수 있을 것이라고 생각한다.

정부 당국 간에 구성되어온 국제법과 협력 메커니즘뿐만 아니라 초연결사회에서 글로벌 시민사회로 확장된 해양행동 공동체가 '해양 평화와 공동 번영'이라는 원칙을 확고히 추구한다면, 미래 세대는 바다를 통해 갈등 대신 연대와 혁신을 배우고 지켜 나갈 완충지대를 삼을 수도 있을 것이다. 오늘날 이미 다양한 국제협약과 해양법이 있지만, 더 나아가 미래 세대를 위하고 그 과정에서 미래 세대를 더 많이 다양하게 포함하고 참여시키는 명시적이고 강력한 약속(Commitment)이 앞으로의 해양행동에 더 필요하다고 제안한다.

해양을 둘러싼 경쟁과 갈등에 대한 대처 방향

해양오염과 기후변화로 해양생태계가 위협받고 있는데도 국가 간 자원 개발 경쟁은 갈수록 치열해지고 있다. 첨단 혁신산업에 필수적인 망간단괴, 코발트, 니켈 등의 자원을 확보하기 위해 심해저 개발에 대한 압력이 커지고 있다. 이로 인한 해저 생태계 파괴나 광범위한 오염 가능성이 더 투명하게 검토되고 관리될 수 있어야 한다. 공해상 불법조업과 남획을 감독하는 거버넌스를 더욱 혁신하고, 이러한 공감대를 더 넓은 차원의 해양생물다양성 보호로 확산시켜 나가야 할 것이다.

　기후변화에 따라 이미 현실화되고 있는 해양산성화, 해수면 상승, 해양생물다양성 급감 같은 문제에 대해서도 연대가 강화되어야 한다. 저지대 도서국이나 대규모 인구가 몰려 있는 연안지역에서 '기후 난민'이 속출할 우려가 있다. 바다생태계의 허브이자 어업 생산성과 해안 보호에 큰 기여를 하는 산호초, 맹그로브숲 등이 온난화와 해양오염, 무분별한 관광으로 인해 급속하게 훼손되고 있다. 이러한 위협에 직면한 지역 공동체와 글로벌 해양행동 공동체가 더 연결되어 지역별로 혁신적인 적응 사업을 개발하고 확산시켜 나가야 한다.

바다는 국가 안보상 전략적 요충지로서 주요 해상교통로의 안전 보장, 배타적경제수역 경계를 둘러싸고 해군력 증강 경쟁이 고조되고 있다. 이러한 움직임이 어느 일방에서도 쉽게 국제 해양법 질서를 위협할 수 없도록 초연결된 글로벌 해양행동 공동체가 국제규범 준수의 여론 형성에 더 적극적으로 나서야 한다.

해양법(UNCLOS)상 분쟁해결제도를 보강하려는 노력이 계속 필요하다. 불법조업이나 심해저 개발 갈등을 신속히 중재·조정할 수 있는 별도의 국제 메커니즘을 만들고 각국이 그 결과를 수용하기로 약속한다면, 군사 충돌이나 긴장 고조를 예방할 수 있을 것이다. 기술 진전에 힘입어 해양보호구역 등에 대한 환경영향평가(EIA), 해양생태계 모니터링, 투명한 데이터 공개 등도 강화할 수 있을 것이다. 자국 영해 및 공해에서 추진되는 대규모 개발 사업에 대해서는 국제기구, 시민사회가 모니터링할 수도 있어야 할 것이다.

다음 세대를 위한 해양행동 약속

국제법과 국제협약은 대체로 정부·정치 지도자 중심으로 결정되지만, 실제로 그 결정이 미치는 효과는 다음 세대가 더 오래, 더 많이 겪는다. 따라서 세대 간 형평성(Intergenerational Equity) 원칙에 따라 청년·청소년의 해양 거버넌스 논의 참여를 활성화한다면 갈등 완화에 대한 자연스러운 압력으로 작용할 수 있을 것이다.

각 나라부터 국제적인 협약까지 해양정책 결정 과정에 청년 대표와 시민단체가 참여하고 공론화할 수 있는 투명한 체계를 갖추고, 국가별 '해양청년포럼'을 운영하여 미래 세대의 글로벌 오션 거버넌스의 저변을 구축하면 어떨까. 이를 위해서 '아워 오션 콘퍼런스', '유엔 오션 콘퍼런스', '유엔 오션 디케이드' 등의 프로그램에 청년 활동가의 참여 기회를 적극적으로 제공할 수 있을 것이다.

청년이 해양보호와 거버넌스에 직접 관여하면 디지털·SNS 기술을 통해 빠른 정보 확산, 프로젝트 크라우드 펀딩, 스타트업 창업 등이 자연스럽게 촉진될 수 있을 것이다. 이를 통해 새로운 해양테크(Marine Tech)나 블루 카본 관련 혁신 비즈니스 모델이 대거 등장할 수 있고, 기존 당국에서 모니터링할 수 없는 광범위한 지역에 대해 참여에 기반한 거버넌스가 확충될 수 있을 것이다.

이를 통해 각국은 세계무대에서 해양환경과 평화에 기여하는 더욱 책임 있는 역할을 모색하게 될 것이다. 바다를 통한 청년 세대의 국제협력이 강화되면 장기적으로는 미래의 다른 분야(기후·에너지·보건 등)에서도 협업을 확대하는 긍정적 흐름으로 작용할 수도 있을 것이다. 이것이야말로 우리 세대가 남길 수 있는 가장 책임 있고 숭고한 유산이 아닐까.

세대 간 협력

여러 매체를 통해서 노출되는 해양환경이나 해양생물에 대한 이미지가 증가하고 있고, 각급 학교에서 해양 관련 교육 프로그램에 대한 수요나 반응이 높아지는 것을 체감하고 있다. 이것은 세계 공통으로도 확인되는 현상으로 미국에서는 TV 광고, 뉴스, 다큐멘터리 노출이 상당했고, 학생의 해양과학에 대한 관심이 컸는가 하면, 한국에서도 인기 드라마 〈이상한 변호사 우영우〉에서 극적 반전이 일어나는 순간마다 고래의 이미지를 연출할 만큼 대중적으로 공감을 얻고 있는 테마가 되었다고 미루어 짐작한다.

특히 2024년부터 해양정책과장을 맡아 유아부터 초·중·고·대학 과정까지 각급 학교에 해양교육을 전파하기 위해 현장을 다녀보면서 해양교육에 대한 수요와 관심이 상당하다는 것을 확인할 수 있었다. 기후변화에 대해서 세계적으로 청년 세대의 관심이 대단하다는 것은 10여 년 전부터 관찰되던 것이었는데, 이제는 해양플라스틱 등 해양오염과 해양생물 보호 등에 대한 관심도 그 패턴을 좇아가는 것으로 보인다.

전 세계적으로 기후위기, 환경파괴, 해양오염 등 생존과 직결된 문제에 대해 청년 세대가 가장 민감하게 반응하는 사례는 많이 알려져 있다. 그레타 툰베리(Greta Thunberg) 등 청소년 환경운동가의 부상은 유명하고, 해양문제가 기후변화와 연동되어 있으며, 플라스틱 오염, 해양생물 감소 등이 '미래 세대의 삶'을 직접적으로 위협한다는 점에서 젊은 세대의 인식이 높아지고 있다.

초연결사회의 디지털 플랫폼에 가장 익숙한 세대가 인스타그램, 유튜브, 틱톡 등 소셜미디어를 통해 해양환경과 해양생태계의 파괴 실태(바다거북의 코에 박힌 플라스틱 빨대 영상을 공유하는 등)를 빠르게 배우고 확산시키고 있다. 동시에 청년 세대는 디지털 플랫폼을 활용해 해변 정화나 플라스틱 저감 운동 등 캠페인에 자발적 참여를 이끌어내는 데도 탁월하다.

해안 쓰레기 정화 활동(플로깅, 비치 클린업), 해양동물 구조 봉사 등 현장의 청년 자원봉사 비율이 상당히 높고, 나아가 대학생·청년 동아리나 스타트업이 해양쓰레기 재활용 제품, 해양 탄소흡수 모니터링 기술 등을 개발하며 사회적 기업이나 창업으로 이어지는 경우도 늘어나고 있다.

앞에서 해양변화의 심각성이나 과학기술과 산업의 발전, 기후변화와의 관계 등 다양한 이유를 들어 해양행동이 장기간 성장하리라는 슈퍼사이클을 전망했지만, 현재의 청년·청소년 세대의 해양행동에 대한 관심과 참여가 이전 세대에 비해 커질 것이라는 것도 정해진 미래에 이유를 더할 수 있겠다.

이 정해진 미래에 대비하기 위하여 청년·청소년 세대와 해양행동에 관해 더 능동적으로 소통해야 하지 않을까. 미래 세대가 관심을 가질 내용에 대해서 더 배우고 참여할 수 있는 기회를 제공하고, 국제사회에서 리더십을 가질 수 있는 환경을 마련하는 것이 미래 세대와 소통과 협력을 강화할 수 있는 통로가 될 수도 있을 것이다. 세대 간 갈등이 떠오르는 시대에 세대 간의 협력 통로를 확보할 수 있다면 해양행동이 사회에 기여할 수 있는 또 하나의 가치가 될 수도 있겠다.

특히 해양환경 보전은 수십 년 이상의 지속적 관심과 노력이 필요하므로 미래 세대도 일찍부터 해양행동에 대한 장기적 가치관과 책임감을 배우고 실천에 참여해보는 경험을 축적하는 것이 바람직하다. 동시에 해양문제 해결의 동력을 얻기 위해서 청년의 창의적 아이디어와 도전을 장려하고 활용할 필요도 있다.

이런 필요성을 국제기구와 여러 나라에서도 일찍이 인식하여 해양과학을 위한 유엔 오션디케이드(The UN Decade of Ocean Science for Sustainable Development, 2021~2030)는 미래 세대에 대한 해양교육을 매우 중요하게 포함하여 추진하고 있다. 그 주요 내용은 학교 교육과정에 해양환경·기후교육을 연계하여 실험·토론·체험형 교육을 강화하고, 다양한 참여 기회를 통해 전문성과 리더십을 키우는 것 등이다. 이렇게 자라난 청년이 오션클린업의 사례와 같이 창의적이고 혁신적인 아이디어로 다양한 해양문제 해결에 도전하고, 블루 이코노미와 블루 파이낸스를 실현시키는 모델을 많이 창출하기를 기대한다.

이러한 글로벌 트렌드를 선도하기 위하여 해양수산부에서는 2024년 11월 '글로벌 해양행동 시대 해양교육 강화 방안'을 발표하며, 우리나라 유아부터 초·중·고·대학생과 성인까지 전 생애 주기에 걸쳐 각급 학교와 지역 현장 및 기업과 시민사회에 해양교육을 확산시키고 있다.

마침 우리 시민사회에서도 풀뿌리 해양행동이 전국 곳곳에서 자라나고 있다. 한국해양재단과 재단법인 바다의품에서는 이러한 활동을 주목하고 해마다 '바다지기 사업'을 통해 전국의 자발적인 해양행동 단체, 동아리를 발굴하여 후원하고 있다. 2024년부터 이러한 활동이 전국적으로 네트워크까지 형성해 나가고 있는 점을 볼 때 앞으로 성장이 기대된다.

해양행동은 해양변화의 문제뿐만이 아니라 국제사회가 공통으로 직면한 사회변화에 대해서도 새로운 솔루션을 제공할 수 있다. 해양행동을 통해 세대 간 협력을 이뤄낸다면 사회적 통합과 경제적 기회 창출을 동시에 거두는 부가효과까지 기대할 수 있을 것이다.

해양생태계 문제는 단순한 환경문제를 넘어 경제·교육·

해상풍력

관광·문화 등 사회 전반에 걸친 영향력을 지니고 있다. 청년·청소년이 해양행동에 적극 참여하면 또래집단과 온라인 커뮤니티를 통해 빠르게 가치와 정보를 확산시킬 수 있어 공동체에 대한 유대감, 공감대, 책임감을 높일 수도 있다.

국제사회 전반에 걸쳐 세대 간 갈등이 심화되는 요즘 해양보호라는 공동 목표는 서로 다른 세대가 함께 협력하고 서로의 역량을 인정하는 계기가 될 수 있다. 해양은 전 인류가 공유하는 자산이자 미래 세대를 위한 핵심 자원이므로 세대 간 대화를 통해 '함께 살아가는 지구'라는 인식을 공유하게 된다. 이를 통해 구성원 간 신뢰와 존중이 높아지고, 전반적인 사회 통합에도 긍정적인 영향을 미치도록 활용할 수 있다.

동시에 해양쓰레기 처리, 해양바이오, 해상풍력 등 해양 분야는 새로운 청년 일자리 창출과 관련된 잠재력을 지니고 있다. 어려서부터 해양문제에 노출된 청년은 스타트업, R&D, 사회적 기업 등 혁신 섹터에서 참신한 사업 모델을 개발할 수 있고, 기성세대는 자금 조달·정부 인허가·대규모 프로젝트 관리 등 제도적·실무적 노하우를 제공해주는 역할 분담을 할 수 있다.

해양행동, 해양교육을 통해 우리 청년 세대가 관심과 참여 기회를 더 가지면서 세대 간 소통과 협력 채널을 확보하고 해양산업의 생산성과 안정성도 동시에 확보되는 장기적인 선순환, 슈퍼사이클이 우리 사회에 꽃피기를 기원한다.

미국 고등학교의
해양교육 사례

채리가 다니던 미국 버지니아주의 한 고등학교에서 해양학(Oceanography)을 정규 교과과정(1년)으로 운영하는 사례를 소개한다. 이 과목은 실험·프로젝트·현장학습을 병행하여 학생들이 직접 데이터를 분석하고 실제 일어나는 바다 환경과 지구적 이슈를 체감할 수 있도록 하는 실천적 교육 모델로 학생들의 큰 호응을 받고 있다. 학생들의 흥미와 진로에 긍정적 영향을 미칠 뿐만 아니라, 수학·과학·공학 분야의 융합교육과 지속가능성에 대한 의식을 제고하는 데 기여하는 것으로 평가된다. 앞으로 전 세계 학교에서 강화해야 할 해양교육(Ocean Literacy) 정책의 좋은 참고가 될 것이라고 생각한다.

해양학(Oceanography)의 학사 과정 운영

고등학교 3학년 또는 4학년이 과학 분야의 선택 과목으로 1년간 주 5일 수업을 통해 1학점(Credit)을 받는다. 학교에 따라서 매일 50분씩 또는 이틀에 하루씩 번갈아 90분을 수업하며, 지구과학, 생물·화학 등을 선수 과목으로 이수한 뒤 신청하는 경우가 많다.

✚ 종이 택배상자를 이어 붙여 만든 고래상어 ⓒ 이채리

주요 교재

이 학교에서는 지정된 교과서 없이 교사의 강의 자료(PPT)와 다양한 읽을거리 위주로 수업을 진행했고, NOAA(미국해양대기청)나 NASA 등에서 제공하는 자료(위성사진, 해양 데이터 세트)와 NGO 활동 및 다양한 매체의 기사를 활용했다. 이외에 다른 학교에서는 앨런 트루히요(Alan P. Trujillo)와 해럴드 서먼(Harold V. Thurman)의 《해양학 기초(Essentials of Oceanography)》 같은 교과서도 많이 쓰인다고 한다. 2019년에 13판까지 출간됐다는 점에서 상당한 해양학 교육의 역사와 깊이가 엿보인다.

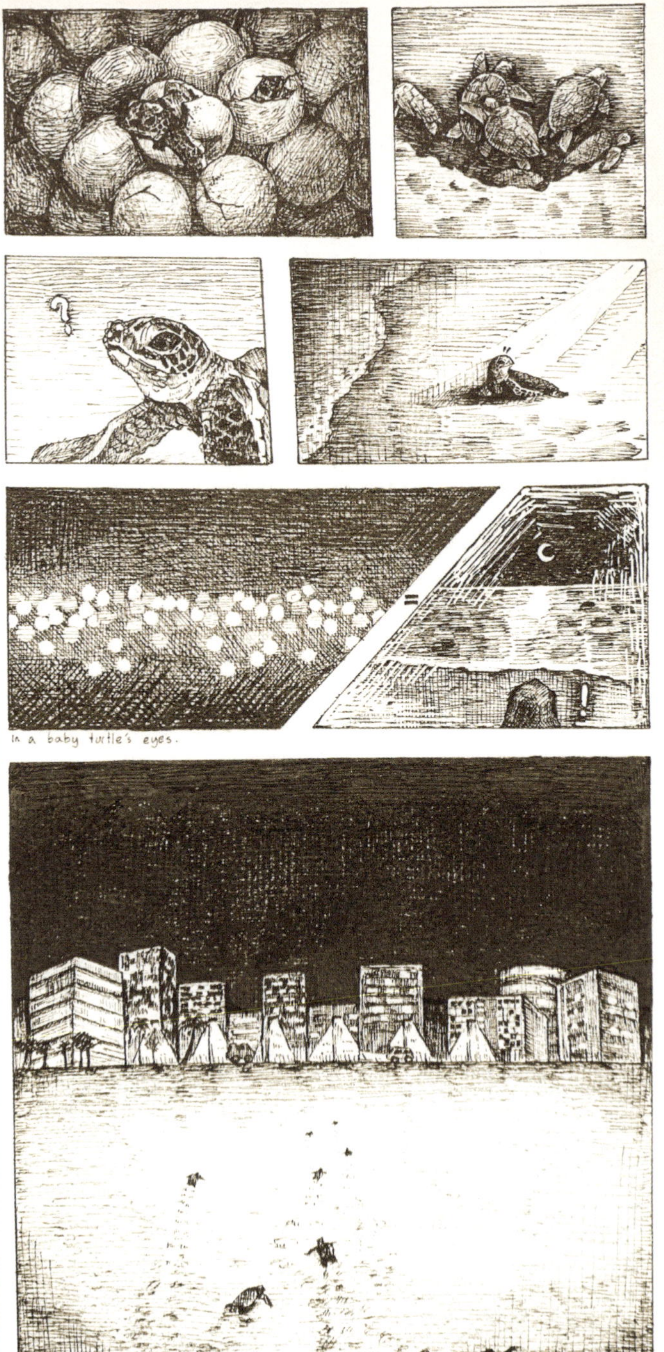

주요 내용

- 역사, 지리부터 지질학, 물리, 화학, 생물 등 다양한 과학 분야를 통합적으로 다룬다.
- 해양역사와 지리(항해, 해안선, 음향측심, 위성관측, ROV 등 첨단 기술을 통한 조사와 탐사)
- 지질학적 해양학(해령, 해구, 대륙붕 등 해저 지형과 해저 지층)
- 물리·화학적 해양학(염분·밀도·온도 관계, 해류, 파도, 조석, 기후, 해양 산성화 등)
- 생물학적 해양학(플랑크톤, 산호초, 해조류, 맹그로브, 습지 등과 먹이사슬, 생물다양성)
- 해양환경(기후변화, 해수면 상승, 연안 침식, 플라스틱, 기름 유출 등 해양오염, 어업, 광물, 에너지 등 개발 영향)

✤ 해변에서 주운 유리 조각을 이어 붙여 만든 바다거북 전등
ⓒ 이채리

실험 및 프로젝트 등 참여 활동

코로나 팬데믹 이전에는 플로리다 해변 등지로 필드트립도 있었다고 하는데, 채리가 다니던 시기에는 이루어지지 않았다. 하지만 교실에서 해류 이동, 지질 구조 관찰 등 실험과 물고기, 양서류 키우기 등 조별 실습이 다채로워 매우 인기 있는 과정이었다고 한다.

특히 채리의 경우 해양생물학을 전공하고 바다거북을 연구한 경험을 지닌 교사의 풍부한 해양과학 연구에 대한 스토리텔링으로 감동을 받아 학기말 프로젝트 겸 선물로 바다거북에 대한 강의 내용을

카툰으로 그려 교사에게 드리기도 했다. 이 과목에서의 경험이 채리로 하여금 이후 대학에 진학하여 환경과학 전공을 택하는 데 큰 영향을 미치지 않았는가 생각한다.

교육 효과

최신 교육 트렌드가 요구하는 통합 교과성과 실생활 관련성 등에 매우 부합하는 과목으로서 향후 STEM(과학·기술·공학·수학) 융합교육과 연계해 발전 가능성이 크다. 또한 해양 이슈는 모두 국가 간에 영향을 주고받는 글로벌 이슈로서 학생들의 글로벌 인식과 역량 강화에도 매우 적합한 과목이 될 것으로 기대된다.

해양학을 이해하기 위해서는 물리·화학·생물·지구과학을 '바다'라는 주제로 융합하여 배우며, 실제 데이터와 실험을 결합해야 한다. 그리고 기후변화, 해양쓰레기, 수산자원 등 학생들이 뉴스로 접하는 현안과 직결되어 이해도가 높을 뿐만 아니라 이러한 이슈가 국제관계에서 주요하게 다루어지는 것을 보게 됨으로써 자연스럽게 글로벌 마인드를 습득하게 된다.

✛ 별을 탐사하는 것처럼 바닷속을 탐사하는 해양과학자 © 이채리

Epilogue

2022년부터 첫째 딸 고등학생 채리와 친구들이 해양에 관심을 가지는 것을 보며, '아, 미래 세대의 감수성에 해양 이슈들이 다가갈 수 있겠구나' 하고 어렴풋이 생각했다. 이후 업무 관계로 다양한 현장을 다니면서 미국 내에서는 해양문제가 유행을 타고 있구나 생각했다. 그 생각이 2023년 파나마에서 열린 '아워 오션 콘퍼런스'를 지켜보면서 세계의 보편적인 트렌드가 되고 있다는 확신으로 바뀌었다.

 우리 사회가 이런 트렌드를 잘 포착하여 우리 문제를 해결할 뿐만 아니라 글로벌 리더십을 발휘하는 기회로 삼을 수 있도록 2024년에 다양한 현장을 다녔다. 여름에는 해양교육에 열정을 가진 전국의 선생님들께서 자발적으로 개최한 '제1회 대한민국 해양교육 콘퍼런스'에서 처음 우리 사회에 '해양행동(Ocean Action)'이라는 용어를 소개했다.

　가을 학기 중에는 연세대, 해양대, 목포대, 군산대 학생들에게 '글로벌 해양행동 시대'라는 제목으로 강의하고 대화하면서 이 아이디어에 대한 청년 세대의 공감대를 확인했다. 두 시간가량 낯선 사람의 강의에 초롱초롱한 눈빛으로 공감해주고 질문도 하던 학생들의 모습을 기억하면서 그 강의 내용을 바탕으로 책을 써서 좀 더 쉽게 다양한 채널로 공유하면 어떨까 생각했다.

　11월에는 교육부총리 주재 사회관계장관회의에서 '글로벌 해양행동 시대, 해양교육 강화 방안'을 발표하며 우리나라가 2035년 해양행동 선진국이 되자는 비전을 제시하기도 했다.

　12월 말, 한국해양재단에서는 우리나라의 풀뿌리 해양행동 단체와 동아리 60여 개 팀을 초청하여 '바다지기, 바다꾸러기 워크숍'을 개최했다. 이 자리에서 우리나라에서도 해양행동이 뿌리내리고 있구나, 확인한 것 같아 참 기쁘고 반가웠다.

　2025년 1월 1일, 마땅한 계획이나 다짐도 없이 맞이한 새해 첫날 저녁, 미뤄놓았던 일을 해야 한다는 의무감이 들어 가족에게 책을 써보겠다고 선언했다. 기왕이면 처음 이 아이디어를 제공한 당사자인 첫째 딸 채리에게 겨울방학 중에 책 쓰는 작업을 도와달라고 부탁했다. 이렇게 하여 즉흥적으로 부녀간의, 세대 간 협력 프로젝트가 시작됐다. 이 책 속의 참고자료 수집, 정리, 삽화 등을 채리가 함께하기로 했다.

막상 글쓰기를 며칠간 고민하면서 나날이 타협했다. 전 세계 해양행동의 현황과 흐름을 집대성한 훌륭한 책을 쓰려던 생각에서 점점 겸손하게 많지 않은 독자에게라도 해양행동을 소개할 수만 있다면 내 시대적 소임을 감당하는 것이라는 생각으로 스스로 달래었다. 포기하지 않은 것이 스스로에게는 승리라고 생각한다.

중도 포기하지 않으려고 서둘러 쓰고 마무리하다 보니 오류를 충분히 점검하고 수정하지 못한 부분이 더러 있을 수 있다는 우려가 있다. 하지만 올해 4월 말 우리나라 부산에서 개최되는 역사적인 제10회 '아워 오션 콘퍼런스' 이전에 가능한 한 해양행동을 알리는 것이 시의적절할 것이라는 명분을 또 찾았다.

2023년 파나마에서 제8회 '아워 오션 콘퍼런스'를 체험하고 난 후 그 경험이 그저 개인의 감상으로만 남아서는 안 되겠다는 생각이 지난 2년간 머릿속에서 떠나지 않았다. 앞으로 다가올 미래의 변화에 대해 우리 사회와 공유해야겠다는 다짐으로 나아갔다. 이 생각을 어떻게 풀어낼지에 대해 1년이 넘게 모자이크를 조각조각 이어붙이는 작업을 해왔다. 부분

부분의 이야기를 작은 회의나 강의 자리에서 나누어보고 피드백을 받으며 다듬어왔다. 그 흔적들을 이 책에 담았다.

이 책의 모든 오류는 전적으로 나의 실수임을 밝힌다. 기회가 되는 대로 수정하고 보완할 것을 약속한다. 2025년이 지나면 이제 '해양행동'이라는 말이 여러 미디어에서나 정책 현장에서 더 이상 낯설지 않게 되는 꿈을 청해본다.

이 작업에 참여한 첫째 채리에게 그리고 아주 미약한 아이디어에서부터 늘 용기와 격려를 주는 아내 세현과 둘째 기쁨, 셋째 나라에게도 고마움을 전한다.

2025년 1월

세종에서

추천사

백성혜
한국교원대학교 융합교육연구소장

이 책을 통해 나는 해양생태계 보전 및 지속 가능한 이용을 위해 해양행동이라는 낯선 용어가 어떻게 탄생했고, 국제사회의 행동 약속들이 어떻게 만들어졌는지를 알게 됐다. 그리 멀지 않은 시기부터 시작된 이 용어의 의미가 앞으로 많은 사람의 머릿속에 깊이 새겨져서 소중한 바다를 함께 지키는 환경이 만들어지길 바란다.

흥미로운 다양한 이야기 중에는 '보얀 슬랏'이라는 한 청년이 바다의 쓰레기를 치우기 위해 한 노력이 얼마나 굉장한 성과를 만들어내었는지 소개하는 것도 있다. 이 책이 아니었다면 알지 못했을 굉장히 놀라운 이야기였다. 특히 글로벌 시민사회와 기업들이 해양이라는 환경과 연결되어 새로운 도전과 문제 해결을 하는 과정을 알게 된 것은 이 책의 가치 있는 부분이다.

　이 책에서 바다는 단순히 보호해야 하는 대상이 아니라, 해양경제라는 개념으로도 이해해야 하는 매우 다양한 측면을 지닌 대상임을 알게 됐다. 그런 점에서 이 책은 우리가 다음 세대를 위해 투자해야 하는 해양의 가치를 알게 해주는 매우 의미 있는 책이라고 생각한다. 이 책의 저자인 아버지와 딸이 함께 바다를 사랑하고 지키면서 해양행동의 가치를 널리 알리기 위해 쓴 이 책은 매우 신선하면서도 흥미롭다. 특히 해양수산부 공무원이라는 특수한 신분으로 저자가 경험할 수 있었던 전 세계와 우리나라의 각종 해양 관련 정책과 행사에 대한 소개도 매우 흥미롭게 제시되어 있다.

　저자는 다른 나라에서 겪은 경험을 통해 다른 나라 사람들이 얼마나 해양에 대해 관심을 가지고 다양한 활동을 하는지 소개해준다. 저자의 경험으로부터 우러나온 다양한 해양 관련 이야기들은 그 당시 중요했던 사건들과 연결되면서 다채롭게 펼쳐진다. 이러한 이야기 속에서 바다의 가치를 어느새 깨닫게 되는 소중한 책이다. 전 지구를 하나로 엮는 해양환경과 기후문제를 세계시민이 함께 고민해야 한다는 것을 이 책을 통해 깨달을 수 있다. 이 책은 해양에 대한 관심이 다른 나라에 비해 매우 낮은 우리나라 국민에게 쉽고 재미있게 해양에 대한 관심을 갖게 만들어줄 것으로 기대한다.

추천사　　**김현정**
　　　　　　　연세대학교 정치외교학과 국제해양법 교수

　이 책은 해양문제를 중심으로 오늘날 국제사회의 트렌드와 우리가 직면한 과제와 도전을 알기 쉽게 풀어낸 훌륭한 교양서입니다. 저자는 해양수산부와 주미대사관에서의 풍부한 경험을 바탕으로 해양 관련 국제 거버넌스와 글로벌 트렌드를 분석하며, 이를 통해 우리 사회가 나아가야 할 방향을 설득력 있게 제시하고 있습니다. 특히 이 책은 단순한 정보 전달에 그치지 않고, 젊은 세대에게 해양과 환경 문제에 대한 새로운 시각과 도전 의식을 불어넣는 데 중점을 둡니다.

　책의 핵심 주제인 지속 가능한 바다를 위한 전 지구적 실천인 '해양행동(Ocean Action)'의 전개 상황을 탐구하며, 저자는 이러한 흐름이 다음 세대에 걸쳐 지속적이고 장기적인 상승세를 그릴 것이라 전망합니다. 이를 '해양행동의 슈퍼사이클'이라는 개념으로 설명하며, 해양문제 해결과 미래 세대를 위한 비전을 구체적으로 제시합니다.

이 책은 "왜 해양행동이 중요한가?"라는 질문에 대한 답을 제시함으로써 독자들로 하여금 해양을 위한 실천적 삶을 어떻게 꾸려 나갈 것인지에 대하여 생각할 수 있는 기회를 제공합니다. 그동안 국제사회는 해양에 관한 국제규범을 만드는 데 주력했다면, 이제는 잘 만든 규범을 어떻게 실천할 것인가라는 '행동(Action)'의 문제로 논의가 이동하고 있습니다. 이는 기후변화 분야에서도 확인할 수 있는 흐름으로, 규범과 선언 채택을 넘어 실행 가능한 우리 모두의 행동이 구체화될 때 비로소 실질적인 변화가 가능하다는 점을 상기시킵니다.

이 책은 저자가 그간 미래 세대에게 전하고자 했던 아이디어와 실천의 결실로, 책을 통해 독자들에게 해양행동의 중요성을 설득력 있게 전달하고 있습니다.

이 책에서는 해양 거버넌스의 새로운 패러다임과 실천적 사례를 폭넓게 다룹니다. 특히 '아워 오션 콘퍼런스'는 주목할 만한 사례입니다. 저 또한 학술단체나 정부 주도 국제회의에 주로 참여해왔기에 이 콘퍼런스의 독창적인 포맷이 신선하게 느껴졌습니다. 정부, 시민사회, 기업, 학계가 자율적으로 참여하여 아이디어를 교환하고 실행 가능한 공약을 발표하는 개방적이고 유연한 협력 방식은 현대적 문제 해결의 중요한 열쇠로 작용할 수 있음을 보여줍니다. 저자는 이 콘퍼런스의 사례를 통해 불법·비보고·비규제 어업 규제, 해양플라스틱과 쓰레기 문제, 블루 이코노미와 같은 해양 거버넌스의 주요 이슈에 대한 해법을 어떻게 찾아야 하는지를 설득력 있게 설명합니다.

또한 저자가 언급한 '오션클린업(The Ocean Cleanup)' 프로젝트와 '글로벌피싱와치(Global Fishing Watch)'의 사례는 AI와 같은 기술과 기업, 시민사회의 협력을 통해 구체적인 변화를 이끌어낼 수 있음을 보여줍니다. 이들은 자발성과 현장성을 기반으로 해양문제를 해결하는 데 핵심적인 역할을 하고 있으며, 이는 저자가 강조한 '책임 있는 해양행동'의 모델로 이어집니다. 과학적 근거와 기술적 발전은 국제규범 형성을 가능하게 하고, 지속 가능한 해양 거버넌스의 기반이 될 것이라는 저자의 통찰은 더욱 중요하게 다가옵니다.

저자는 '블루 이코노미'와 '블루 파이낸스'라는 개념을 통해 해양생태계를 경제적 가치와 연결함으로써 해양의 지속 가능한 발전 가능성을 제시합니다. 이 접근은 단순히 환경을 보호하는 것을 넘어, 투자자들에게 경제적 인센티브를 제공하고, 지역사회의 회복력과 청년 일자리 창출로 이어지는 다층적인 효과를 낳습니다. 특히 경제적 접근을 통해 지속 가능한 해양행동이 더 많은 사람들에게 관심과 참여를 유도할 수 있다는 점에서 그 중요성은 크다고 생각합니다.

이 책은 단순히 해양문제만을 다루는 것이 아닌, 우리 세대와 다음 세대를 위한 지속가능성과 협업의 길잡이입니다. 저는 이 책이 젊은 세대는 물론, 해양문제에 관심 있는 모든 독자들에게 도전 정신과 영감을 줄 것이라고 확신합니다.

추천사

박성현
국립목포대학교 교양학부 교수

지금은 글로벌 해양행동 시대!

이제는 육지 중심의 사고에서 벗어나 바다를 바라보는 시각을 넓혀야 할 때입니다. 이 책은 해양을 둘러싼 세계적인 흐름을 짚어보며 기후변화 대응, 해양환경 보호, 지속 가능한 경제 발전을 위해 우리가 나아가야 할 길을 알려줍니다. 특히 해양 거버넌스, 기술혁신, 시민사회와 기업의 협력을 통해 한국이 글로벌 해양강국으로 도약할 가능성을 설득력 있게 제시합니다. 바다를 지키는 일이 곧 우리의 미래를 지키는 길임을 이 책을 통해 자연스럽게 느낄 수 있을 것입니다.

추천사

전해동
국립한국해양대학교 항해융합학부 교수

해양의 지속 가능한 미래를 고민하는 이들이 반드시 읽어야 할 책입니다. 이 책은 해양보호, 기후변화 대응, 블루 이코노미 등 글로벌 해양 거버넌스의 주요 흐름을 심층적으로 분석하며, 국제사회에서 해양행동의 확산 과정과 그 의미를 생생하게 조명합니다. 특히 대학생에게는 해양 분야의 다양한 진로 기회를 모색하고, 국제 해양정책과 협력의 중요성을 이해하는 데 큰 도움이 될 것입니다. 해양의 가치와 미래 가능성을 탐구하고자 하는 모든 이들에게 깊은 통찰과 영감을 제공할 책입니다.

부록

국제사회에서 해양행동의
모델을 선도하는 대표적인
시민사회단체,
비영리기구

오세아나 Oceana

오세아나는 지속 가능한 어업, 플라스틱 오염, 해양 서식지 보호 등 다양한 문제를 해결하며 전 세계 바다를 보호하고 회복하는 데 힘쓰는 비영리단체다. 이 단체가 이룬 가장 큰 성과는 2010년 구글과 글로벌피싱와치를 공동 설립한 것이다. 또 다른 하나는 벨리즈에서 바닥저인망어업(Bottom Trawling)을 금지하도록 도운 것이다. 이는 세계에서 두 번째로 큰 산호초 지대인 메소아메리칸리프(Mesoamerican Reef)를 보호하는 데 중요한 역할을 했다. 또한 북해와 지중해에서의 남획을 방지하기 위해 유럽연합(EU)이 더 엄격한 어업 제한을 두도록 압박하며 중요한 변화를 이끌어냈다. 미국에서는 2016년 캘리포니아의 일회용 플라스틱 봉투 금지법 통과를 지지하며, 이후 다른 주에서도 유사한 정책이 시행되는 계기를 마련했다. 오세아나는 2001년 퓨 자선기금(The Pew Charitable Trusts)과 록펠러 브라더 펀드(Rockefeller Brothers Fund) 등의 지원을 받아 설립됐다. 현재 10여 개국에서 250명 이상의 전문가와 함께 활동하며, 각국 정부, 과학자, 기타 비영리단체와 협력하여 해양생태계를 보호하는 정책을 개발하고 있다.

현재까지 오세아나는 새로운 법 제정을 추진하고 해양보호구역을 조성하며 450만 제곱마일 이상의 바다를 보호하는 성과를 거두었다. 오세아나는 실질적 변화를 만들어내는 데 중점을 두며, 어업 규정을 강화하고 환경적으로 해로운 관행을 줄이는 등 구체적인 해결책을 실행하고 있다. 이러한 정책적 노력을 통해 오세아나는 글로벌 해양 보전의 선두에 서서 지속적인 변화를 만들어가고 있다.

오션컨서번시 The Ocean Conservancy

오션컨서번시는 오염, 남획, 기후변화의 영향으로부터 바다를 보호하는 데 주력하는 비영리단체다. '국제해안정화(International Coastal Cleanup)'라는 운동을 시작해 1986년 이래로 전 세계에서 1800만 명 이상의 자원봉사자가 3억 8000만 파운드 이상의 쓰레기를 해변과 수로에서 수거하도록 이끌었다. 또한 2006년 미국에서 '해양쓰레기 연구, 예방 및 감소법(Marine Debris Research, Prevention, and Reduction Act)'의 통과를 도왔다. 오션컨서번시는 '쓰레기 없는 바다연합(Trash Free Seas Alliance)'을 통해 기업과 협력하여 플라스틱 오염을 근원에서부터 차단하는 방법을 모색하고 있다.

1972년에 설립된 이 단체는 작은 그룹으로 시작하여 해양보호 분야의 선도적인 목소리로 성장했다. CEO인 재니스 존스(Janis Searles Jones)의 지도 아래 정부, 기업, 지역사회와 협력하여 지속적인 변화를 만들어왔다. 이 단체는 '퍼시픽 리모트 아일랜즈 마린 국가기념물(Pacific Remote Islands Marine National Monument)'과 같은 대규모 해양보호구역 창설에 중요한 역할을 했다. 해안을 정화하고 취약한 생태계를 보호하는 법률을 지원함으로써 오션컨서번시는 해양쓰레기 감소와 해안지역 보전에 큰 영향을 미쳤다.

미션블루 Mission Blue

미션블루는 해양생태계의 건강에 중요한 특별 지역인 '호프스폿(Hope Spots)'을 지정하여 바다를 보호하고 복원하는 데 주력하는 단체다. 이 단체의 가장 큰 성과 중 하나는 2016년 하와이의 파파하나우모쿠아케아(Papahānaumokuākea)해양국립기념물의 확장을 지원한 것으로, 이로 인해 이 지역은 세계에서 가장 큰 보호구역 중 하나가 됐다. 현재 미션블루는 전 세계적으로 158개 이상의 호프스폿을 지정했으며, 여기에는 갈라파고스제도 및 산호삼각지대(Coral Triangle)와 같은 지역이 포함된다.

미션블루는 저명한 해양학자이자 환경운동가인 실비아 얼(Dr. Sylvia Earle)에 의해 2009년에 설립됐다. 이 단체는 소규모의 과학자, 보전 전문가, 옹호자로 구성된 팀으로 운영되며, 정부 및 지역사회와 협력하여 세계의 중요한 해양지역을 보호하고 있다. 미션블루의 활동은 내셔널지오그래픽(National Geographic), 롤렉스(Rolex), 테드상(TED Prize) 같은 기관의 지원을 받고 있다. 호프스폿을 지정하고 홍보함으로써 이들은 더 강력한 해양보호와 건강한 바다를 위한 대중적·정치적 지지를 구축하는 것을 목표로 하고 있다.

시레거시 Sea Legacy

시레거시는 사진과 영상을 통해 바다의 위험을 알리고 보호를 촉구하는 데 주력하는 단체다. 2019년에는 기후변화와 어업이 남극반도에 미치는 영향을 보여주는 강력한 이미지를 공유하여 이 지역을 보호해야 한다는 인식을 높였다. 이러한 노력은 남극반도 해양보호구역 제안에 대한 지지를 구축하는 데 기여했다. 또한 시레거시는 '타이드(The Tide)' 프로그램을 통해 인도네시아에서 산호초 복원 프로젝트와 태평양에서 유해한 어업 방법을 금지하는 캠페인에 자금을 지원했다.

시레거시는 사진작가 폴 니클렌(Paul Nicklen)과 크리스티나 미터마이어(Cristina Mittermeier)가 그들의 기술을 해양보호에 활용하고자 2014년에 설립했다. 비록 작은 조직이지만, 스토리텔링을 통해 온라인에서 수백만 명에게 다가가고 있다. 이들은 파타고니아와 같은 브랜드 및 다른 비영리단체와 협력하여 보전 프로젝트를 지원하고 인식을 높이고 있다. 바다의 아름다움과 직면한 위협을 보여줌으로써 시레거시는 사람들이 행동을 취하고 해양생물 보호를 위한 강력한 조치를 지지하도록 격려하고 있다.

서프라이더재단 Surfrider Foundation

서프라이더재단은 지역사회의 활동과 옹호를 통해 해변, 바다, 파도를 보호하는 데 주력하는 단체다.

2022년에는 '캘리포니아 플라스틱 오염 저감법(California Plastic Pollution Reduction Act)'의 통과를 지원하여 주 전역에서 일회용 플라스틱 폐기물을 줄이고자 노력한다. 이 법안은 플라스틱 포장재 및 식품 용기 제조업체에 최대 1센트의 수수료를 부과하고, 재활용 및 재사용 시스템을 개선하며, 폴리스티렌 식품 용기의 사용을 금지하는 등의 조치를 포함하고 있다.

또한 서프라이더재단은 블루 워터 태스크 포스(Blue Water Task Force)를 통해 해변의 수질을 모니터링하고, 오염에 대한 경고를 제공하여 공공 건강을 보호하는 데 힘쓰고 있다. 이 프로그램은 25년 이상의 역사를 가지고 있으며, 현재 미국 전역에서 600개 이상의 샘플링 사이트에서 수질을 측정하고 있다.

서프라이더재단은 1984년 캘리포니아 말리부의 서퍼들에 의해 설립됐으며, 현재 미국과 다른 국가에서 80개 이상의 자원봉사자 운영 지부를 보유하고 있다. 이들은 지역사회의 활동가와 협력하여 해변 청소, 공공회의 참석, 지역 캠페인 참여 등을 통해 해안보호 정책을 수립하고 있다. 서프라이더재단의 지역사회 중심 접근 방식은 플라스틱 봉지 및 빨대 금지, 서핑 스폿 보호, 깨끗한 물을 위한 규제 강화 등 수백 가지의 성과를 이루어냈다.

세계자연기금 WWF, World Wildlife Fund

세계자연기금은 야생동물, 서식지, 생태계 보호를 목표로 하는 세계 최대의 보전 단체 중 하나로, 해양보호에도 적극적으로 참여하고 있다. WWF는 불법조업과의 싸움에서 중요한 역할을 하며, 불법조업이 연간 최대 364억 달러의 범죄 수익을 창출한다고 추정한다. WWF는 글로벌피싱와치 플랫폼 개발에 참여하여 위성기술을 활용한 어업활동 모니터링과 남획 방지에 기여하고 있다. 또한 산호삼각지대와 같은 지역에서 산호초 복원 작업을 지원하며, 남극의 로스해보호구역(Ross Sea Reserve)과 같은 해양보호구역 설립을 촉진하고 있다. 그리고 유니레버와 함께 지속 가능한 수산물 인증 MSC를 만들어 널리 보급하고 있다.

1961년에 설립된 WWF는 현재 거의 100개국에서 활동하며, 수백만 명의 회원과 기부자의 지원을 받고 있다. 과학과 실용적인 해결책을 결합하여 정부, 기업, 지역사회와 함께 보전 노력을 추진하고 있다. 지속 가능한 해산물 소비 촉진, 멸종 위기 해양종 보호, 기후변화로 인한 해양 영향 대응 등 다양한 분야에서 활동하고 있다.

WWF의 창립자 중에는 줄리언 헉슬리(Julian Huxley, 영국의 생물학자이자 유네스코 첫 총장)와 피터 스콧(Peter Scott, 영국의 자연주의자 및 화가)이 있다. 또한 맥스 니컬슨(Max Nicholson)과 데이비드 애튼버러(David Attenborough)도 WWF의 초기 활동과 그 사명을 지원하는 등 크게 기여했다.

산호초연합 CORAL, The Coral Reef Alliance

산호초연합은 산호초 보호를 위해 지역 및 글로벌 위협인 오염, 남획, 기후변화에 대응하고 있다. 하와이에서는 산호초에 해로운 화학물질이 포함된 선크림의 도입 금지를 주 차원에서 추진하는 데 핵심 역할을 했다. 이러한 노력으로 2018년 하와이는 산호초에 해로운 화학물질이 포함된 선크림 판매를 금지하는 법안을 통과시켰다. 또한 CORAL은 피지와 인도네시아 같은 지역에서 지역사회와 협력하여 지속 가능한 어업 관행을 개발하고 중요한 산호초생태계를 보호하는 데 힘쓰고 있다. 예를 들어 피지에서는 어업부와 협력하여 지역 어민에게 지속 가능한 어업 관행에 대한 교육을 제공하고 있다.

1994년에 월리스 니컬스(Wallace J. Nichols)라는 해양생물학자이자 환경보호 활동가에 의해 설립된 CORAL은 과학 연구와 지역사회 주도의 행동을 결합하여 산호초 보호에 힘쓰고 있다. 이 조직은 지역 정부, 어민, 관광업자와 긴밀히 협력하여 보전과 경제적 필요를 균형 있게 고려한 해결책을 개발하고 있다. 이러한 노력의 결과로 세계에서 가장 취약한 해양환경 중 일부에서 더 건강한 산호초와 강화된 해안보호를 이루어냈다.

플라스틱오션 Plastic Oceans International

플라스틱오션은 교육, 과학, 옹호를 통해 해양에서의 플라스틱 오염을 종식하기 위해 노력한다. 이 단체는 2021년 미국에서 플라스틱 생산을 줄이고 재활용을 촉진하는 '플라스틱오염방지법(Break Free From Plastic Pollution Act)'을 지지하며 활동을 펼쳤다. 또한 전 세계적으로 지역사회 청소 프로젝트를 지원하고, 일회용 플라스틱 대체 방법을 제시하며 플라스틱 오염 문제에 대응하고 있다.

플라스틱오션은 리베카 프린스루이즈(Rebecca Prince-Ruiz)와 야체크 코왈스키(Jacek Kowalski)에 의해 설립됐으며, 2016년 다큐멘터리 <플라스틱오션(A Plastic Ocean)>을 발표하여 플라스틱 오염의 파괴적인 영향을 널리 알렸다. 이후 대중을 교육하는 캠페인을 벌였고, 기업과 협력하여 플라스틱 폐기물 감소를 위한 방법을 제시했다. 이러한 인식 확산과 행동 촉구를 통해 플라스틱오션은 전 세계적인 정책 변화와 소비자 행동의 변화를 이끌어내고 있다.

블루마린재단 BLUE, The Blue Marine Foundation

블루마린재단은 해양보호를 위해 해양보호구역을 설정하고 지속 가능한 어업을 촉진하는 데 주력한다. 가장 큰 성과 중 하나는 차고스제도에 25만 제곱마일 이상의 해양보호구역을 설립하는 데 기여한 것이다. 또한 몰디브에서 현지 어부들과 협력하여 지속 가능한 낚시 방법을 개발하고, 산호초 보호를 위한 프로그램을 운영하고 있다.

2010년에 찰스 클로버(Charles Clover)라는 영국의 기자이자 환경운동가에 의해 설립된 블루마린재단은 정부, 지역사회, 과학자와 직접 협력하여 해양 서식지를 보호하는 데 집중하는 소규모지만 전문적인 조직이다. 이들의 프로젝트는 남획된 지역에 대한 경제적 대안을 제시하여 보전 노력과 지역사회의 이익을 동시에 고려한다.

플라스틱오션 Plastic Oceans International

플라스틱오션은 교육, 과학, 옹호를 통해 해양에서의 플라스틱 오염을 종식하기 위해 노력한다. 이 단체는 2021년 미국에서 플라스틱 생산을 줄이고 재활용을 촉진하는 '플라스틱오염방지법(Break Free From Plastic Pollution Act)'을 지지하며 활동을 펼쳤다. 또한 전 세계적으로 지역사회 청소 프로젝트를 지원하고, 일회용 플라스틱 대체 방법을 제시하며 플라스틱 오염 문제에 대응하고 있다.

플라스틱오션은 리베카 프린스루이즈(Rebecca Prince-Ruiz)와 야체크 코왈스키(Jacek Kowalski)에 의해 설립됐으며, 2016년 다큐멘터리 <플라스틱오션(A Plastic Ocean)>을 발표하여 플라스틱 오염의 파괴적인 영향을 널리 알렸다. 이후 대중을 교육하는 캠페인을 벌였고, 기업과 협력하여 플라스틱 폐기물 감소를 위한 방법을 제시했다. 이러한 인식 확산과 행동 촉구를 통해 플라스틱오션은 전 세계적인 정책 변화와 소비자 행동의 변화를 이끌어내고 있다.

블루마린재단 BLUE, The Blue Marine Foundation

블루마린재단은 해양보호를 위해 해양보호구역을 설정하고 지속 가능한 어업을 촉진하는 데 주력한다. 가장 큰 성과 중 하나는 차고스제도에 25만 제곱마일 이상의 해양보호구역을 설립하는 데 기여한 것이다. 또한 몰디브에서 현지 어부들과 협력하여 지속 가능한 낚시 방법을 개발하고, 산호초 보호를 위한 프로그램을 운영하고 있다.

2010년에 찰스 클로버(Charles Clover)라는 영국의 기자이자 환경운동가에 의해 설립된 블루마린재단은 정부, 지역사회, 과학자와 직접 협력하여 해양 서식지를 보호하는 데 집중하는 소규모지만 전문적인 조직이다. 이들의 프로젝트는 남획된 지역에 대한 경제적 대안을 제시하여 보전 노력과 지역사회의 이익을 동시에 고려한다.

야생동물보호협회 WCS, The Wildlife Conservation Society

야생동물보호협회는 고래, 상어, 바다거북 등 해양 생물종 보호를 위해 오션 자이언트 프로그램(Ocean Giants Program)을 운영한다. 이들은 가봉에서 국가 해역의 20%를 차지하는 대규모 해양보호구역을 설립하는 데 기여했다. 또한 마다가스카르에서 지역사회와 협력하여 산호초와 어업 보호를 위한 프로그램을 운영하고 있다.

1895년에 설립된 야생동물보호협회는 세계에서 가장 오래된 보전단체 중 하나로, 과학 연구와 정책 작업을 결합하여 야생동물과 생태계 보호에 집중한다. 초기 설립자로는 미국 전 대통령인 시어도어 루스벨트(Theodore Roosevelt)와 수전 크로커(Susan Crocker)가 있다. 정부 및 지역사회와 협력하여 고래 충돌 사고 감소, 파괴적인 어업 관행 금지 등 해양생물 보호를 위한 지속 가능한 조치를 추진하고 있다.

이상길

부산에서 태어나 서울대학교에서 경제학(학사)을, 미국 델라웨어대학교에서 에너지환경정책(석사)을 공부했다. 해양수산부에서 20여 년간 해운, 수산양식, 해양정책 등을 담당했으며, 미국 주재 한국대사관에서 근무했다(2020년 10월~2023년 2월). 현재 해양수산부 해양정책과장을 맡고 있다.

이채리

서울에서 태어나 대전예술고등학교를 거쳐 미국 버지니아주 매클린고등학교를 졸업했다. 현재 메릴랜드대학교(볼티모어)에서 환경과학을 공부하고 있다.

표지그림 ⓒ 이채리